大数据时代的电信与互联网管理

吴志鹏 编著

北京邮电大学出版社
www.buptpress.com

图书在版编目（CIP）数据

大数据时代的电信与互联网管理 / 吴志鹏编著. --北京：北京邮电大学出版社，2014.4

ISBN 978-7-5635-3814-0

Ⅰ. ①大… Ⅱ. ①吴… Ⅲ. ①电信—邮电企业—企业管理—中国—文集②互联网络—管理—中国—文集 Ⅳ. ①F632-53②TP393.4-53

中国版本图书馆CIP数据核字(2013)第309810号

书　　名：大数据时代的电信与互联网管理

作　　者：吴志鹏

策 划 人：姚　顺

责任编辑：彭莎莎

出版发行：北京邮电大学出版社

社　　址：北京市海淀区西土城路10号（邮编 100876）

发 行 部：电话：010-62282185 传真：010-62283578

E-mail：publish@ bupt. edu.cn

经　　销：各地新华书店

印　　刷：北京宝昌彩色印刷有限公司

开　　本：720mm × 1 000mm 1/16

印　　张：13.5

字　　数：161千字

版　　次：2014年4月第1版　　2014年4月第1次印刷

ISBN 978-7-5635-3814-0　　定价：32.00元

·如有印装质量问题，请与北京邮电大学出版社发行部联系·

序言

2013年末，我国政府向三家基础电信业务经营者发放了4G（第四代移动通信业务）牌照，接着又正式公布了首批11家移动转售业务试点企业名单。我国的电信业发展进入了一个新的阶段——传输速率更快、业务种类更加丰富、数据量愈加庞大、各种争议和矛盾也会越来越凸显。

电信业的发展，离不开有效、有力的监管措施。对于这样复杂的局面，电信监管机构应当密切跟踪行业的变化，有针对性地采取对策，因势利导、顺势而为。

电信监管机构所能提供的主要是完善电信法律制度、改善消费环境、促进信息基础设施建设投资、产业优化升级和提高信息网络安全保障能力，为经济平稳较快发展和民生改善发挥更大作用。

2013年8月，国务院发布《关于促进信息消费扩大内需的若干意见》。意见提出，到2015年，信息消费规模超过3.2万亿元，年均增长20%以上，带动相关行业新增产出超过1.2万亿元，其中基于互联网的新型信息消费规模达到2.4万亿元，年均增长30%以上。基于电子商务、云计算等信息平台的消费快速增长，电子商务交易额超过18万亿元，网络零售交易额突破3万亿元。要实现这些目标，就必须通过挖掘海量的行业数据，深入分析用户消费信息和消费习惯，形成信息产业新的增长点。

需要注意的是，目前，我国电信业和互联网业对于公共信息资源等大数据的共享与开发利用尚处在初级阶段，需要抓紧时间制定公共信息资源开放共享管理办法，推动市政公用企事业单位、公共服务事业单位等机构开放信息资源。鼓励引导公共信息资源的社会化开发利用，挖掘公共信息资源的经济社会效益。支持电信运营企业、互联网企业参与公共服务云平台建设运营。加快推进各级政务信息化工程建设，建立完善国家基础信息资源和政府信息资源，建立政府公共服务信息平台，整合多部门资源，提高共享能力，促进互联互通，有效提高公共服务水平。

本书从多个侧面探讨了大数据的开发、利用和保护，对于行业发展提出了很多有建设性的建议，是作者多年勤于思考、勇于实践的结晶，十分值得一读。

本书作者从工作第一天起，一直在我们所在的单位，经过多个岗位的锻炼，是一个肯于钻研、勤奋敬业的青年。衷心祝福这本书顺利出版、发行，并祝作者今后无论生活和事业都蒸蒸日上。

天津市通信管理局党组书记、局长 王 强

二〇一四年三月十四日

前言

凤凰卫视控股有限公司董事局主席、行政总裁刘长乐指出，“2013年是大数据元年，从概念到落地，大数据时代生机勃勃，已经创造并且酝酿着无限的可能。”

“大数据”概念已经像病毒一样地传播开来，和某些虚无缥缈的理论不同，它已经实实在在地落实在日常生活中，特别是在网络信息安全领域会来带一场颠覆性的变革。因此，电信管理机构既管理电信网络，也管理互联网络，在这个大变革的时代中，应当未雨绸缪，深入研究，避免被动，使监管工作适应时代发展的新要求。

电信行业已经从制约我国经济发展的“瓶颈”，变成带动国民经济增长、结构升级的支柱产业和增强综合国力的战略性产业。改革开放以来，我国电信业发展取得长足的进步，互联网行业更是取得了骄人的成绩，监管机制也在不断完善，并取得很大的成效。但是仍遭到社会的质疑和批评，其基本模式和核心价值观念已经不能适应行业发展的需要，特别是在“大数据时代”，如何开发大数据的效能，如何建立健全适应大数据要求的电信市场管理体系，如何正确引导和开发大数据思维模式，已是当务之急。

本书建立在作者多年工作实践的基础上，梳理了电信和互联网行业的法律体系，围绕电信监管体制和大数据之间关系的有关问题进行研究，从法律和管理的维度把脉“大数据”的趋势。本书不拘泥于传统、教条的管理方式，而是基于“新自由主义”的思路，分析了行业现状与“大数据”的矛盾；从人文关怀的视角审视消费者的权益保护问题；用发散思维的方式，转换监管思路。观点犀利，用词平实，贴近读者。

本书通过大量资料、数据，并结合实际案例，立足于法律和公共管理的基本原理，采用定性分析与定量分析相结合的方法，探讨了我国现行监管体制行业正面和负面的影响——即推动电信和互联网行业持续快速发展，但不能有效应对当前面临的困难。

本书主要分为三大部分，第一部分分析了大数据时代各个部门法的关系；第二部分研究了我国电信、互联网行业现状和适应“大数据”时代要求的问题；第三部分，就大数据业务的监管和相关制度建设进行了有益的探讨。

本书集合了作者十多年来发表的三十余篇论文，也根据“大数据”的主题对部分内容进行了调整，更增加了新的思考和观点。有鉴于作者水平有限，请各位读者批评指正。

2014-3-20

于北京

目　录

第三部分 “大数据”时代的行业监管发挥最大效能

导论："大数据时代"来临，监管机构准备好了吗？

大数据资源效能有待开发

大数据要求放弃对随机样本的统计，改为获取全体数据。无限制的数字化存储是大数据的一个典型特征。随着存储设备价格的持续下降以及电信、互联网技术的提高，海量的数据已经被分享、转存，于是大数据就形成了。

互联网上的数据信息具有可访问性、持久性、全面性三大特点。在大数据时代，只要任何信息被发到了网络上，就再无可控之说，会被不特定个体所取得；这些信息存在网络上的时间是极其漫长的，即使过了几十年仍然能够查到，而且几乎无法彻底删除；网络上的信息包罗万象，不仅涉及个人的方方面面，而且涵盖社会和国家的各个领域。

有心人可以利用这些数据获取他想要的且不易被察觉的信息，企业能从中发现大量商机。这方面国外企业已经取得了巨大的成就，无论亚马逊还是谷歌都借助大数据对消费者进行有针对性的推销从而取得了巨大的业绩。然而，中国的电信服务提供商和互联网企业与国外同行相比差距明显，例如拥有4亿用户的迅雷公司无法利用自身庞大的用户资源实现产品和服务的升级换代，逐渐从电脑桌面上被淘汰。

随着国民收入的普遍增加和居民文化品位的提升，资费或产品的低价策略已经失去了显著的效果，打折、赠品、返券等小把戏也已无法蒙混过关，只有通过数据分析对用户个人信息进行研究，再投其所好，才可能取得事半功倍的效果。

当前，一些国内企业的困境表现在搜集和利用个人信息两个层面上：一方面，不善于通过合法手段搜集信息，总是抱怨监管机构的规范过于苛刻；另一方面，对于搜集到的信息不能合理利用，更谈不上挖掘其价值了，更有甚者将用户信息作为交易对象出卖给其他人而遭到社会舆论的批评。

作为大数据的重要内容——个人信息——并非不可交易，而是不能将原始的、未经合理转换的信息进行交易，否则就是侵犯个人隐私权。拥有这些数据的公司只有将数据的价值开发出来后，才能以适当的方式把研究结论进行商业化运作。

此外，对于大数据的开发和利用不能仅仅停留在口号和“山寨”的阶段，更不能以“大数据中心”为噱头大搞房地产，那样就违背了电信、互联网产业发展的根本宗旨——创新。

大数据时代的电信市场管理体系亟待完善

一旦一个人分享了信息，这人就基本上失去了对该信息的控制。在数字时代，召回信息以及阻止他人分享信息，已经变得非常困难。网络中传递的数据包含个人隐私、知识产权、国家和社会安全的内容，其中很多信息是不能随意上传和下载的。在不影响产业发展的前提下，对市场进行适度管理是必须而迫切的。

目前，电信管理还是以防为主，惩防并举，即通过提高准入门槛，阻挡了投资者进入增值电信业务领域；通过政策中的“玻璃门”，阻碍民营企业和外资进入基础电信领域；通过分类管理，扼杀了一些企业的创新型业务；通过电信服务质量监督制度和网络用户申诉受理制度，很多企业失去了赚取利润的动力。

随着大数据时代的到来，各种信息的整合与分享已经成为一种趋势。只要企业合法经营、遵守商业道德，就应当获得政府平等的对待。电信管理机构对于国有资本、民营资本、海外资本应当一视同仁，以宪法和法律为尺度来衡量企业的行为是否违法，而不必过度拘泥于资本的“原罪”。

国内外的大量史实证明，资本的力量与技术的创新相结合，才能迸发出产业的火花——华尔街推动了从电灯泡到“谷歌”，再到“脸谱”的一系列科技进步。政府的责任不在于判定企业是否会亏本，不必要求企业必须盈利。对于电信市场管理而言，政府首先要做好“守夜人”，收回无形之手，为市场松绑，为企业松绑，将资源配置的权力还给市场。

在此基础上，电信管理机构可以适当对于市场失灵部分进行调节，这种调节不能以干扰企业正常运转和业务发展为代价，换句话说，政府应该适度容忍大数据的创新业务带来的管理不便，转变职能，改革管理方式，而不是采取“一棍子打死”的策略；对于服务质量监督采取更灵活多样的方式，保护投资者和从业人员的创业热情；对于用户投诉，应当主动耐心地做好解释工作，既不激化矛盾，也不推卸责任。

大数据时代的思维需要引导

大数据是对思维的一场变革，它不以准确为目的，甚至适度地放弃了真实性，而把关注点放在如何解决问题，从具有混杂性的数据中获取相关关系。过于依赖数据，反而会被数据所误导。

从网络中获取的数据质量可能会很差，也可能不客观；分析数据的方法存在失当性；通过数据得出的结论可能有失偏颇。痴迷于数据，或者对数据给予无穷大的信任，到头来会伤害到自己。

对于微博或其他社交网络上的各种言论，人们往往会关注转发量，似乎转发多的内容就是真理；对于电商推销的商品，人们也特别重视其他人的品论和销售量，忽视了该款产品是否真的适合自己，或者质量到底如何。

再比如，一个人曾经浏览了黄色网站，或者有人在网络上发表了一些对社会不满的言论，这些都会被网络长期记录和保存，那么其他人或者政府机构是否能据此判断这个人的道德水准或行为指向呢？这就需要对于思维的正确引导。

对于大数据所得出的结论，我们必须辩证来看待，并且与其他信息相对照。更为重要的是，需要借助现有的知识，结合常识来判断。在这方面，政府和企业需要通力合作，通过普及常识来唤起人们对于理性和科学的认同，防止别有用心的人利用大数据散播误导性的信息；对于网络上流传的谣言，要及时辟谣，公布真相，利用正确的观念去引导舆论。因此，政府只有进行制度创新，才能符合大数据时代的要求。

大数据时代的电信监管大有可为

根据《中华人民共和国电信条例》，电信管理机构的职能不仅包括规范市场主体行为，也要促进产业发展，所以必须高度重视大

数据给监管工作带来的挑战，采取有效应对举措：

首先，应当加强自身的电子政务建设，打造“数字”政府。进一步建立健全信息公开监督和保障机制，推动区域内政府机构的信息共享与公开，为社会各界作出表率。

其次，适当放宽电信业务许可证申请标准，降低注册资本金，简化审批流程，开辟“绿色通道”，试行先批准后审查的制度，将管理重心放到事后监督上来。对于用户申诉，试行“先赔偿后处理”的制度，最大限度保护用户利益和企业商誉。

再次，推动科技创新，设立专项扶持基金，拓宽企业融资渠道，鼓励企业，特别是民营中小型企业开发大数据产品和服务。

最后，健全人民群众、新闻媒体和社会团体在网络上反映社情民意的渠道，缩短政府反应时间；同时深入整治网络有害信息，坚决打击利用网络从事的违法犯罪行为，净化网络空间。

总之，电信管理机构应当依法行使职权，不断丰富管理手段和管理机制，正确把握与其他政府部门和广大人民群众的关系，充分、合理地履行自身的职能，跟上大数据时代的步伐，努力提供高质量的公共服务。

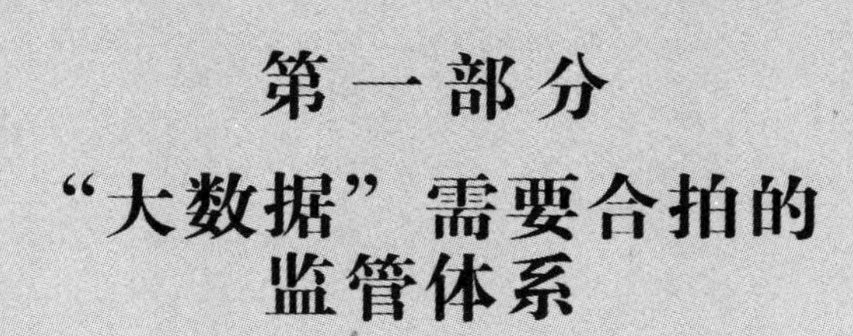

第一部分

“大数据”需要合拍的监管体系

危险、怀疑和否定之海，围绕着人们小小的岛屿，而信念则鞭策人，使人勇敢面对未知的前途。

——泰戈尔

网络信息安全立法体系探析

2013年发生的"棱镜门"事件，给中国网络信息安全敲响了一记警钟，在大数据的背景下，要更加重视数据安全，零散的信息重新排列组合后可以成为重要的信息；流动在网络上的信息日渐主宰国家和社会的命脉，一旦看似不相关的信息，在大数据的综合与深度挖掘下，可能会泄露出重要信息。在这样新的技术背景下，必须关注网络信息安全立法。

一、网络信息安全的立法现状

（一）网络信息安全面临的问题

自互联网诞生之日起，网络信息安全就成了一个挥之不去的重要课题，从其本质上讲，"网络安全就是网络上信息的安全，指网络系统的硬件、软件及其系统中的数据的安全。网络信息的传输、存储、处理和使用都要求处于安全的状态。"网络信息的安全传输、安全存储、安全处理的要求越来越迫切和重要，它不仅关系到每个人的切身利益，而且关系到经济的发展、社会的稳定、国家的安危和科技的进步。

事实上，黑客攻击、计算机病毒破坏和网络金融犯罪已构成对世界各国的实际威胁。进入21世纪以来，尽管人们在计算机技术上不断努力，但网络安全形势却是越发令人不安。在各领域的计算机犯罪和网络侵权方面，数量、手段、性质、规模已经到了令人吃惊的地步。据统计，目前美国每年由于网络安全问题而遭受的经济损失超过170亿美元，德国、英国也都有数十亿美元，法国则为100亿法郎，日本、新加坡的问题也很严重。在国际法律界列举的现代社会新型犯罪排行榜上，计算机犯罪已名列榜首。据统计，全球平均每20秒就发生1次网上入侵事件，一旦黑客找到系统的薄弱环节，所有用户均会遭殃。

目前我国的网络信息安全状况同样令人忧虑，主要表现在以下方面：缺乏自主的计算机网络和软件核心技术，CPU芯片、操作系统和数据库、网关软件大多依赖进口，网络安全系数不高，自主技术的缺失也使我国的网络处于被窃听、干扰、监视和欺诈等多种信息安全威胁之中；信息与网络安全的防护能力弱，有害内容充斥互联网，垃圾邮件防护极为薄弱；各单位，尤其是要害部门内外网之间隔离措施不力，缺乏制度化的防范机制，在运行过程中没有有效的安全检查和应对保护制度，对信息技术和设备也缺乏有效管理和技术改造；网络信息安全立法难以适应网络发展的要求，全民网络信息安全意识急需提高。

网络安全作为一个综合性课题，涉及面广，包含内容多，无论采用何种加密技术或其他方面的预防措施，都只能给实施网络犯罪增加一些困难，不能彻底解决问题。单纯从技术角度只能被动地解决一个方面的问题，而不能长远、全面地规范、保障网络安全。因此，从根本上对网络犯罪进行防范与干预，还是要依靠法律的威严。通过制定网络法律，充分利用法律的规范性、稳定性、普遍性和强制性，才能有效地保护网络使用者的合法权益，增强对网络破坏者的打击处罚力度。我国网络信息安全立法体系见表1-1。

表1-1　立法体系统计表

法律	行政法规	部门规章
《全国人民代表大会常务委员会关于维护互联网安全的决定》（2000年12月28日第九届全国人民代表大会常务委员会第十九次会议通过）	《中华人民共和国电信条例》（中华人民共和国国务院令第291号）	《通信建设项目招标投标管理暂行规定》
		《互联网电子公告服务管理规定》
		《电信服务质量监督管理暂行办法》
		《网络用户申诉处理暂行办法》
		《公用电信网间互联管理规定》
		《通信行政处罚程序规定》
	《互联网信息服务管理办法》（中华人民共和国国务院令第292号）	《电信设备进网管理办法》
		《电信设备抗震性能检测管理暂行办法》
		《电信网间互联争议处理办法》
		《通信工程质量监督管理规定》
		《电信业务经营许可证管理办法》
		《电信建设管理办法》
		《国际通信出入口局管理办法》
	外商投资电信企业管理规定（中华人民共和国国务院令第333号）	《国际通信设施建设管理规定》
		《通信行业统计管理办法》
		《电信网码号资源管理办法》
		《信息产业部负责实施的行政许可项目及其条件、程序、期限规定表（第一批）》
		《非经营性互联网信息服务备案管理办法》
		《互联网IP地址备案管理办法》
		《电信服务规范》
		《互联网电子邮件服务管理办法》

（二）国外网络信息安全立法情况

在国外，保障网络信息安全的立法工作早已开展，并逐渐普及：

英国政府于1996年9月23日颁布了第一个网络监管行业性法规《3R安全规则》（“3R”分别代表分级认定、举报告发、承担责任），即对于网络内容进行级别认定，鼓励社会各界对于扰乱网络秩序的有害信息的制造者、发布者、传播者进行举报，国家依法追究责任；在2000年又拟定了《监控电子邮件和移动电话法案》，该法案规定，警方和国家安全、税务等部门有权监控电子邮件和移动电话，凡拒绝与上述部门合作的当事人将会被判处两年以下的监禁，并予以重罚。

美国制定的有关法律主要有：1977年《联邦计算机系统保护法》、1984年《联邦禁止利用计算机犯罪法》、1986年《计算机诈骗与滥用法》、1987年《计算机安全法》、2002年《联邦信息安全管理法》。此外，美众院司法委员会要求，色情邮件须加标注，使得用户可以不打开邮件直接将邮件删除；另外，互联网接入服务提供商可以起诉滥发垃圾邮件者，索赔100万美元以上的费用。

德国政府出台了《信息和通信服务规范法》，即《多媒体法》，自1997年8月1日生效。该法规定了电信服务提供者在一定情况下阻止违法内容传播的义务。此外，德国还通过了《电信服务数据保护法》，并对有关法律作了相应修改。

法国于1996年6月对一部有关通信自由的法律进行补充并提出《菲勒修正案》，为在互联网从业人员和用户之间自律解决互联网带来的有关问题提出了有力措施。

日本从2000年2月13日起开始实施《反黑客法》，规定擅自使用他人身份及密码侵入电脑网络的行为都将被视为违法犯罪行为，最高可判处10年监禁。

新加坡广播管理局（SBA）1996年7月11日宣布对互联网络实行管制，宣布实施分类许可证制度。它依据计算机空间的最基本标准，谋求保护网络用户，尤其是年轻人，免受非法和不健康的信息传播之害。

韩国也提出过要制定一部关于“保护个人信息和确立健全的信息通信秩序”的法律。这一法律将明确规定个人信息管理者和使用者的权限和责任，对向第三者泄漏个人信息者将加重处罚，同时还将加强对淫秽、暴力、犯罪等非法信息流通的管理。

印度于2000年6月颁布了《信息技术法》，以基本法的对信息安全作了比较详细的规定。

此外，美国、俄罗斯、日本和韩国等国家均把信息安全摆到与国家安全同等高度并进行了相应的机构整合，制订了指导整个国家信息安全发展的战略和规划。美国制定的有《网络空间安全国家战略》；德国于1996年7月通过了《2000年信息——德国进入社会之路》报告，制定了九点行动计划；日本于1994年成立“高度信息通信社会推进总部”，制定建立高度信息社会有关政策。俄罗斯在1995 年通过的《联邦信息、信息化和信息保护法》基础上，2000年6月又由联邦安全会议提出了《俄罗斯联邦信息安全学说》，并于2000年9月经普京总统批准发布，以“确保遵守宪法规定的公民的各项权利与自由；发展本国信息工具，保证本国产品打入国际市场；为信息和电视网络系统提供安全保障；为国家的活动提供信息保证”。

（三）我国网络信息安全立法的现状与不足

我国对网络信息安全立法工作一直十分重视，制定了一批相关法律、法规、规章等规范性文件，涉及网络与信息系统安全、信息内容安全、信息安全系统与产品、保密及密码管理、计算机病毒与危害性程序防治等特定领域的信息安全、信息安全犯罪制裁等多个领域，主要有：《全国人民代表大会常务委员会关于维护互联网安全的决定》、《中华人民共和国电信条例》、《互联网信息服务管理办法》、《计算机软件保护条例》、《互联网电子公告服务管理规定》、《中国互联网络域名管理办法》、《非经营性互联网信息服务备案管理办法》、《互联网新闻信息服务管理规定》、《中华人民共和国计算机信息网络国际联网管理暂行规定》、《中华人民共和国计算机信息网络国际联网管理暂行规定实施办法》、《中华人民共和国计算机信息系统安全保护条例》、《电子出版物管理规定》、《计算机信息网络国际联网出入口信道管理办法》、《计算机信息网络国际联网的安全保护管理办法》、《计算机信息系统安全专用产品检测和销售许可证管理办法》、《计算机信息系统国际联网保密管理规定》、《科学技术保密规定》、《商用密码管理条例》、《中国公用计算机互联网国际联网管理办法》、《中国公众多媒体通信管理办法》等。最高人民法院、最高人民检察院也出台了《关于办理利用互联网、移动通信终端、声讯台制作、复制、出版、贩卖、传播淫秽电子信息刑事案件具体应用法律若干问题的解释》等司法解释。

《中华人民共和国保守国家秘密法》、《中华人民共和国标准法》、《中华人民共和国国家安全法》、《中华人民共和国商标法》、《中华人民共和国刑法》、《中华人民共和国治安管理处罚条例》和《中华人民共和国专利法》等法律也有涉及互联网管理的条款。

此外，“十二五规划”明确指出：“加强宽带通信网、数字电视网和下一代互联网等信息基础设施建设，推进‘三网融合’，健全信息安全保障体系。”国家信息化领导小组在2005年制定的《国家信息化发展战略（2006—2020年）》中明确要求，“注重建设信息安全保障体系，实现信息化与信息安全协调发展”。

尽管我国涉及网络信息安全的规范性文件众多，但仍有许多不足之处，主要表现在：

1、概念不清，缺乏有效理论指导

我国现行规范互联网的文件中，尚无对于网络信息安全涵义的明确界定，也就没有单行法律进行调整。已有的法律、法规、规章，分属不同法律部门，体系庞杂；多是把实践做法上升为法律形式，而没有统一的立法思想与主旨，缺乏评价网络行为的统一标准。

2、法律位阶低，以行政立法为主，立法技术低

上述各种规范性文件多是行政规章，立法主体多为部委级机构，立法程序大都缺乏公开性，不符合《规章制定程序条例》等规范性文件的要求。各机构之间职责划分不清，缺乏严谨、可操作的信息通报、问题决策、处罚联动等制度，不利于对网站日常监督和管理，增加监管成本。

3、内容重复，监管手段单一、落后

《中华人民共和国电信条例》中的“九不准”（即第五十七条的内容）被许多规范性文件反复引用，造成内容的雷同，不利于体现法律的严肃性，也使得各部门之间产生权力冲突。此外，各种文件规定的监管互联网的手段基本以行政许可为主，缺乏有效的事后监管机制和长效监管机制；对于即时通信工具、P2P、大数据等互联网新应用也没有相应的安全保障措施和监管手段。有些法律、

法规的内容已经明显滞后，一些关于网络行为的认定过于原则或笼统，缺乏可操作性。

4、观念陈旧，落后于时代要求

纵观我国的网络立法，大多处于WEB1.0时代，即单向思维、可控可管为主的观念，对于交互使用、碎片化信息的“大数据”显得格格不入。特别是过分强调政治因素，使得网络业务的创新受到了极大的制约和影响。一些媒体以保护个人隐私为卖点的炒作，更为合理利用“大数据”制造了种种难题。新的时代呼唤新的监管模式和思路，在探索中摒弃一些腐朽的观念和做法是必不可少的。

二、网络信息安全法的几个基本概念

（一）网络信息安全法的定义与特征

我国网络信息安全面临严峻的挑战，而整合各种法律资源，实现“依法治网”是维护网络信息安全的重要方式。所以，我国应当通过单独立法的形式对网络信息安全进行调整；调整网络信息安全的法律规范的总和，就是网络信息安全法。它是行政法与技术法规的有机结合，是有效监管与维护公民权利的有机统一。

1、网络信息安全法的行政法性质

首先，网络信息安全关系是一种行政法律关系。维护网络信息安全是公权力的体现，是国家行使行政权的表现形式，具体而言，是一种行政管理关系。国家利用法律赋予的行政权力，如行政许可、行政处罚、行政强制等，对网络进行监管。

其次，互联网行业主管部门与行政相对人（网民、互联网从业者）是不平等的，前者在法律关系中起主导作用。

最后，在网络信息安全法律关系中，互联网行业主管部门在监管行为，都是以行政相对人为对象实施的，并且这种行为是具有单方性、强制性等行政行为的基本特征。

2、网络信息安全法的技术法规属性

从法理学意义上讲，所谓技术法规就是把技术规范上升为法律规定。技术规范是各种技术标准，作为人们对于客观规律的认识，用来调整人与自然的关系。而技术法规是法律的一种，是调整人与人之间的关系。网络信息安全法中包含大量技术规范，需要公民加以遵守；行为人如果违反这些规定，就会遭到法律的制裁，而不是简单的实验失败或者纪律处分。

（二）网络信息安全法的立法原则

1、坚持正确指导思想，以邓小平理论、“三个代表”重要思想和科学发展观作为总的立法指导原则

法律的本质在于阶级性，我国是社会主义国家，《立法法》明确规定，“立法应当遵循宪法的基本原则，以经济建设为中心，坚持社会主义道路、坚持人民民主专政、坚持中国共产党的领导、坚持马克思列宁主义毛泽东思想邓小平理论，坚持改革开放。”因此，在从事网络信息安全立法活动中，必须坚持正确的指导思想，旗帜鲜明地反动言论和错误思潮，维护国家安全，保障社会秩序稳定。

2、坚持促进技术进步的原则

马克思主义原理提出，我们的各项工作应当体现不断推动社会生产力的解放和发展的要求，尤其要体现推动先进生产力发展的要求。网络信息安全是一个“动态”问题，应当按照中央关于“积极发展、加强管理、趋利避害、为我所用”的方针，除完善相关法律制度外，还要以立法的形式促进技术进步，鼓励新安全技术应用，来解决网络信息安全管理中出现的新问题、新情况。

3、坚持维护人民的基本通信自由的原则

保障人民通信自由是人权的重要内容。现行宪法第46条规定，“中华人民共和国公民的通信自由和通信秘密受法律的保护。除因

国家安全或者追查刑事犯罪的需要，由公安机关或者检察机关依照法律规定的程序对通信进行检查外，任何组织或者个人不得以任何理由侵犯公民的通信自由和通信秘密。”所以，在维护网络信息安全、阻止有害信息传播的同时，应当注意保护基本人权。网络信息安全的立法过程应当经常保持同人民的密切联系，倾听人民的建议和意见，接受人民的监督。法定的政府管制手段应当体现人情味，不能管得过宽过死，否则会被视为“共同的敌人”、“自由的破坏者”，从而被网络文化所不容，也得不到广大网民的支持与帮助，这显然不利于网络法治的构建。

三、对我国网络信息安全立法的建议

（一）制定调整网络信息安全关系的基本法

我国面临严峻的网络信息安全形势，虽然也进行了大量的网络立法，但是由于缺乏有效理论指导，立法水平普遍较低，各部门之间职责不清，权力冲突，因此笔者建议通过建立一部统一的基本法——《网络信息安全法》，调整网络信息安全法律关系。

同时，这部法律应当独立于即将出台的《电信法》。因为目前还没有实现互联网、电信网和广播电视网的融合，《网络信息安全法》有其独特的调整对象和监管方式，不能与电信法律制度混淆。

（二）明确互联网行业主管部门，并建立各职能部门之间的协作机制

我国目前有教育网（CERNET）、科技网（CSTNET）、金桥网（CHINAGBN）、公用计算机网（CHINANET）等10家互联网骨干网，分属电信行业主管部门等多个不同部门监管，而且公安、安全、文化、新闻等部门也有一定的管理权力。

有鉴于此，通过立法，明确电信行业主管部门同时作为互联网

行业主管部门，由电信行业主管部门在保障公共互联网安全，成立专门的网络安全机构，建立专门的技术平台，实现网上调查、网上刺探、网上清扫、网上屏蔽、视（声）频证据采集、电子巡查、电子制止和电子查处；同时，赋予省级电信管理机构行使本省互联网行政管理职能，按照属地原则行使各项权力。

此外，还应当通过立法的形式，使互联网行业主管部门、前置审批部门、专项内容主管部门和公益性网络主管部门、信息安全标准化组织等机构之间建立有效的沟通机制，制定行政许可和事后监督、制裁违法行为的工作流程，形成监管合力，对互联网实行齐抓共管。

（三）出台维护网络信息安全的配套措施，创新管理方法

针对网络技术发展快的特点，在制定《网络信息安全法》的基础上，应当逐步建立从安全制度、安全标准、安全策略、安全机制等一系列配套措施，进行全面系统地立法；同时，借鉴国外先进管理经验，创新管理方法，与时俱进地推进网络信息安全保障工作。

相关链接：

2007年4月爱沙尼亚遭到大规模网络攻击，致使全国经济和安全秩序一度瘫痪；2008年8月当俄罗斯对格鲁吉亚开展军事行动后，格方的官方网站全部瘫痪，直接影响到格鲁吉亚战争的动员能力；2010年伊朗核设施遭受“震网”病毒袭击，这是网络安全领域的里程碑事件。这一系列事件也是网络空间成为继陆地、海洋、空中、太空之后的世界第五大战场。

人民了解事实，国家就会安全。

——海伦·托马斯

谁动了网民的“奶酪”？——从“囚徒困境”看网络信息安全立法

伴随着大数据时代的到来，公民更加重视个人隐私，更加关注参与社会管理，也更加重视立法进程。立法过程，特别是涉及公民切身利益的法律法规，需要公民的广泛参与与合作。然而，2009年1月18日江苏省第十一届人大常委会批准徐州市人大常委会制定的《徐州市计算机信息系统安全保护条例》（以下简称《条例》），规定未经允许，任何单位和个人不得利用计算机信息系统提供或者公开他人的信息资料；公安机关可以对发布者、传播者等违法行为人进行罚款，或六个月以内停止联网、停机整顿等行政处罚。该法规一经公布，立即引起轩然大波，网民普遍认为这是对“人肉搜索”行为的限制，侵犯了公民行使宪法赋予的言论自由、参与社会事务管理等多项权力。虽然徐州有关部门紧急出面解释，但是互联网上对这部法规的反对声浪仍然此起彼伏。究其原因，不难发现，当地有关立法部门未与广大网民进行有效沟通，参与网络管理的各方利益主体没有充分表达自己的意见，使这部地方性法规面临尴尬境地。

“囚徒困境”中的网络信息安全立法

所谓“囚徒困境”是博弈论中的一个著名模型，讲的是嫌疑犯甲、乙被捕，但是警察没有足够证据指控二人有罪。于是警方分开囚禁二人，并分别和二人见面，向他们提供以下相同的选择：若其中一人认罪并作证检举另一方（相关术语称“背叛”另一方），而另一方保持沉默，认罪者将当场获释，沉默者将被判入狱十年；若二人都保持沉默（相关术语称互相“合作”），则二人同样被判入狱半年。若二人都互相检举（互相“背叛”），则二人同样被判入狱二年。

在这个模型中，需要有三个基本前提：第一，每个参与者（即“囚徒”）都是自私的，都寻求自身利益最大化，而不关心另一参与者的利益；第二，他们采取某一策略所得的利益，如果在任何情况下都比其他策略要低的话，此策略称为“严格劣势”，理性的参与者绝对不会选择；第三，没有其他任何力量干预参与者的决策，他们可以完全按照自己的意愿选择策略。

于是，“囚徒们”面对的问题是到底应该选择哪一项策略，才能将自己个人的刑期缩至最短。两名囚徒由于互相隔离，并不知道对方如何作出选择；而即使他们有机会交谈，还是未必能够完全相信对方不会反悔。那么，在这样的困境中两名理性囚徒会进行如下考虑：如果另一方沉默，则背叛会让自己获释，所以会选择背叛；若另一方检举自己，自己也要指控对方才能得到较低的刑期，所以也是会选择背叛。因此，二人经过理性思考，必然会得出相同的结论——选择背叛，也就是这场博弈中唯一可能达到的“纳什均衡”，就是双方参与者都背叛对方，结果二人同样服刑二年。这显然不是顾及整理利益的“帕累托最优解决方案”。上述模型告诉我们，由于存在信息不对称，博弈中的各方往往会出于利己主义的考虑，而选择对自己有利的策略，这种选择往往使整体利益受到损失。

在前文引述的事件中，徐州市人大常委会虽然在《条例》起草、修改、论证等阶段做了大量调研工作，但主要集中于在该《条例》中受权最多的公安机关等政府部门，没有通过公开的听证会等形式获取当地数百万网民有代表性的意见和反馈。由于缺乏普通民众参与立法进程，当地立法机构作出的“策略”无疑是倾向于扩大政府权力，如赋予当地公安机关可以对违法行为人停止联网、停机整顿的权力；而网民并不认可这种政府扩张权力的方式，他们也不了解立法者的真实意图在于保护公民的个人信息安全，从而选择了非理性的抨击和抵制等方式来维护自身的利益。可见，陷于“囚徒困境”的立法机构和普通民众为了维护自身利益，都没有采取使互联网管理更有效的模式，使原本一次有益的立法尝试变成了社会上议论纷纷的热点事件，造成社会整体利益的损失。

保护个人信息与维护公民信息获取权的矛盾

“囚徒困境”的模型说明，在解决个人理性和集体理性之间的冲突时，不能否认个人理性，而是设计一种机制和相关的制度安排，在满足个人理性的前提下达到集体理性。《条例》的本意在于保护当地民众的个人信息不受侵犯，却引来一片责难，从中我们不难发现其制度设计存在严重的权利不平衡问题，即过分强调保护个人信息安全，忽视公民获取信息的权利。

个人信息包括个人数据信息和创作信息两方面，它们都属于私人财产，非经本人授权或法定程序不得披露、使用、修改；当个人信息安全受到侵犯时，权利人有权寻求司法救济。我国的著作权法等知识产权法律法规已经对个人的创作信息进行了较好地保护，但是在个人数据信息安全领域还处于摸索阶段。一般而言，个人数据信息属于隐私范畴，其安全应受到法律明确保护，包括政府机构在内的任何公民和组织都要经过法定程序才能取得，并且持有信息的主体负有保护信息安全的义务。

然而，在大数据时代中，信息共享已经成为推动经济和社会发展、维护交易安全的重要基础。公民有权为了正当目的（如了解交易相对方的资信情况、寻找失散的亲人，检举官员的腐败行为等），通过合法渠道获知他人个人数据信息。保障公民的信息获取权不仅是保障公民基本人权的要求，也是维持信息社会高效运转的前提，更是公民对政府实施有效监督的必要条件。

目前，公民对人身自由权的要求和监督政府依法行政的意识在不断提高，获取信息的权利需要不断加强；同时，随着信息在知识经济中的地位越来越重要，保护个人信息安全日益受到重视。于是二者之间的矛盾逐渐突显出来。以“人肉搜索”为例，网民一方面通过这种方式针砭时弊，对政府及其工作人员进行监督，揭露社会不良现象，另一方面对一些无辜群众肆意造谣、辱骂和骚扰，严重侵犯了被搜索者的人格尊严并影响其正常生活。（关于“人肉搜索”，在下文中我们还将深入探讨。）

在网络信息安全立法中必然需要面对的难题就是，在保护一种权利的时候，另一种权利的行使必然受到某种程度的抑制，容易引发社会关注，甚至激化利益主体之间的矛盾。因此，只有通过充分沟通、相互妥协，兼顾各个权利主体的利益，才能使互联网得到有效管理。

政府与民众合作是维护网络信息安全的重要途径

不可否认的是，徐州人大的这部法规是对地方网络信息安全立法的一次有益尝试。然而，从网民的反应中看，它显然没有获得目标人群的广泛认可和合作。因此，该法规尽管依合法程序生效，但是不能在实践中得到贯彻落实。

就网络管理而言，由于其本身存在平等性、开放性等特点，封闭的管理体系和自上而下命令式的传统管制模式并不能适应日新月异的网络社会需要。在这一虚拟世界里，主导力量并非一定由政府担任，而是更关注民间自治力量与公共参与的力量。政府应当与民众实现合作博弈，而不是非合作博弈；以沟通、合作为原则的“新公共治理模式”更适合纷繁复杂的网络世界。

党的十七大明确提出，“要坚持科学立法、民主立法”。针对网络信息安全的立法特点，应当保障人民群众的知情权、参与权和监督权，尽量消除信息不对称所带来的负面影响。首先，广泛征集民众关注的互联网热点问题，确立合适的立法主题；其次，通过传统媒体和网络等多种形式，让民众普遍了解法律草案的原由、原则、主要内容、法律责任和后果等；其次，通过制度安排，使民众有机会参与网络信息安全立法规划、起草、讨论等环节，这些制度主要包括立法公开制度、立法旁听制度、立法听证制度、立法咨询制度、立法监督制度、立法复议制度等；最后，重视民众的意见，使他们表达的意见和建议应当具有一定的法律意义，能够在一定程度上影响立法过程和立法结果，而不是仅仅走过场。这里需要特别指出的是，在民众参与立法过程中，公民个人、企业、专家、专业（行业）团体、社会组织所表达的意见，往往不尽相同，有时候还会出现彼此相左的情况，这就需要兼顾各方利益，力争达成一致的意见，保证生效的法律能够有效实施。

总之，大数据时代下，建立政府与公民社会的信任与合作，保障公民作为立法信息弱势一方充分反映自身意见，是推动网络信息安全立法进步的重要环节，有利于实现互联网的有效管理，在今后《电信法》的立法过程中应予以特别重视。

反垄断法——大数据监管新抓手

大数据时代，每个人都有权对零星的信息进行整合、处理，任何组织和个人已经无法阻止与他人分享信息的行为，更不要说垄断某些信息，相反通过信息的交流与共享，信息的价值会得到更大的开发和提升。

与2000年实施的《电信条例》相比，2008年8月1日起施行的《中华人民共和国反垄断法》对于规范我国市场经济秩序，维护企业和消费者合法权益，促进经济和社会各项事业的健康发展，都具有非常重要的意义，特别是对电信和互联网行业而言，应当利用该法避免网络信息的垄断，促进信息的平等分享，提高产业的竞争力。

一、反垄断法与电信法的契合

反垄断法的宗旨在于预防和制止垄断行为，保护市场公平竞争，提高经济运行效率，维护消费者利益和社会公共利益；其主要内容包括：禁止经营者达成垄断协议；禁止经营者滥用市场支配地位；禁止具有或者可能具有排除、限制竞争效果的经营者集中；禁止行政垄断。这与电信业的立法宗旨十分相近，如电信条例第一条明确指出，“规范电信市场秩序，维护网络用户和电信业务经营者的合法权益，促进电信业的健康发展”。

对照反垄断法和电信、互联网行业的法律、法规，我们不难发现，反垄断法中很多禁止性规定已经在《电信条例》等规范性文件中体现出来。例如，反垄断法禁止具有市场支配地位的经营者从事下列滥用市场支配地位的行为，包括没有正当理由，拒绝与交易相对人进行交易；没有正当理由，限定交易相对人只能与其进行交易或者只能与其指定的经营者进行交易；没有正当理由搭售商品，或者在交易时附加其他不合理的交易条件。电信条例也有类似的规定：电信业务经营者在电信服务中，不得有下列行为：以任何方式限定网络用户使用其指定的业务；限定网络用户购买其指定的电信终端设备或者拒绝网络用户使用自备的已经取得入网许可的电信终端设备；无正当理由拒绝、拖延或者中止对网络用户的电信服务；以任何方式限制网络用户选择其他电信业务经营者依法开办的电信服务。

可见，无论立法宗旨，还是具体规定，电信、互联网行业的法律、法规都与反垄断法相一致，属于特殊法与一般法之间的关系；在维护网络市场秩序的作用上，二者相辅相成，相互补充。在今后的电信业、互联网的立法中，应当注意把反垄断法的一般性规定进行细化，在保证国家法律体系统一的同时，有效规范行业市场的秩序。

二、电信管理机构与反垄断机构的关系

反垄断法规定，国务院设立反垄断委员会，负责组织、协调、指导反垄断工作。反垄断委员会的职责主要包括，研究拟订有关竞争政策；组织调查、评估市场总体竞争状况，发布评估报告；制定、发布反垄断指南；协调反垄断行政执法工作。国务院规定的承

担反垄断执法职责的机构（以下简称反垄断执法机构）依照法律规定，负责反垄断执法工作。反垄断执法机构根据工作需要，可以授权省、自治区、直辖市人民政府相应的机构，依照本法规定负责有关反垄断执法工作。同时，法律对反垄断执法机构依法调查对涉嫌垄断行为的程序进行了详细的规定。

电信、互联网业的反垄断工作是一项系统工程，并不是简单的法律分析与运作，还要依托经济、管理、行业专门知识等才能达到目的。一方面，因为这个行业存在某些技术问题，反垄断执法机构处理竞争案件时应征求电信管理机构的意见；另一方面，监管机构处理竞争案件时，因为会涉及很多竞争法专业问题，如经营者集中或市场支配地位的认定，电信管理机构也应征求反垄断执法机构的意见。

协调反垄断执法机构与电信管理机构之间的关系至少要做到以下三点：（1）科学划分各自职能。国家应当进一步出台有关规范性文件，明确他们在监管电信业过程中的各自职权。例如，对于经营者集中和垄断协议之类的典型垄断行为，应该由反垄断执法机构处理；而对于发放许可证，互联互通以及普遍服务之类的典型行业监管问题，应该由电信管理机构负责。（2）建立政府部门之间的沟通协商机制。由于存在管辖领域的交叉，双方可能就权力运作产生矛盾。电信管理机构对本行业比较了解，可以主动与反垄断执法机构进行沟通，就其规范的制定、相关决定及监管行动向其征求意见，推动情报交流、资源共享，以监管工作保障取得最大成效。（3）试行对电信、互联网行业共同治理。电信管理机构和反垄断执法机构单独执法可能做出相互矛盾的裁决，增加市场经济主体行为后果的不确定性。因此，两种机关可以联合出台指导性、政策性文件，建立联合执法制度，避免在调查过程中对企业经营活动的影响，对电信市场实行统一、高效的监管。

三、反垄断法对电信、互联网行业的影响

（一）垄断协议的“终结”

近二十年来，信息技术的发展导致有线通信和无线通信的结合，传统电信和计算机网络通信的结合，电信业和媒体、金融产业的结合，基础电信业务经营者拆分重组，传统上被认为是自然垄断的电信业已不再完全被认为是具有自然垄断的特征。但是，“分业务经营”造成新的垄断。由于缺乏民营资本的介入，基础电信业务经营者之间并未形成真正意义上的完全竞争；无论固定通信业务领域，还是移动通信业务领域，都呈现出寡头竞争的态势。在这个市场上，各个企业提供的产品和服务并无实质差别。产品的同质性导致每家企业之间互相依存度很高，任何一家在资费、营销等竞争策略上的调整必然引起竞争对手做出针锋相对的对策。因此，各家企业在考虑自身成本、市场需求时，必然要考虑另一家的行动。经过几年来的“价格战”，每家企业都深刻地认识到，单纯的降低资费价格不能削弱对手，反而会遭到对手的报复，往往得不偿失，并且被质疑造成了国有资产的流失。为了避免两败俱伤，各家企业把竞争手段转向到非价格竞争的手段来稳定市场份额、保证利润率，如划分势力范围、联合限价等。这样，不仅会阻碍以大数据为代表的新技术、新业务的发展，更会侵犯消费者的权利，破坏市场秩序。反垄断法明确禁止具有竞争关系的经营者达成固定或者变更商品价格、限制商品的生产数量或者销售数量、分割销售市场等垄断协议，因此，基础电信业务经营者的上述行为可能面临法律严厉的制裁，这就需要有关企业提高反垄断法律意识，深刻领会法律精神，

改善经营策略。

（二）切勿滥用市场支配地位

根据反垄断法的原则，法律并不禁止经营者通过竞争取得市场支配地位，但是法律却禁止这些具有垄断势力的经营者滥用其支配地位，损害消费者和其他市场经营者的合法权益。反垄断法对具有市场支配地位的经营者进行了明确的界定，是指经营者在相关市场内具有能够控制商品价格、数量或者其他交易条件，或者能够阻碍、影响其他经营者进入相关市场能力的市场地位。当前，我国部分基础电信业务经营者恰恰具有符合反垄断法的这些规定。例如，在互联互通问题上，控制必要的基础电信设施并且在电信业务市场中占有较大份额，能够对其他电信业务经营者进入电信业务市场构成实质性影响的经营者，就是主导的电信业务经营者。这些企业不仅要遵守《电信条例》、《公用电信网间互联管理规定》等电信业规范性文件，也不能违背反垄断法的有关规定。此外，基础电信业务经营者处于整个产业链的上游，拥有庞大的电信资源，对于产业链上的其他经营者（如中小SP等）容易产生垂直挤压的作用。因此，在与其他企业合作时，基础电信业务经营者应当注意与合作者实现共赢，在取得自身企业成就的同时，维护合作者正当权益，避免法律风险。

（三）反对数据独裁

与早期的技术和数据垄断不同，大数据要求不放过任何一个信息片段，颠覆统计的采样原则，而是对全部数据的分析和研究。大企业、政府部门其实是掌握最多有价值信息的主体，从社保信息到交通肇事记录，从气象数据到工商经营登记记录，包罗万象；特别是这些机构能够利用“信息不对称”的优势地位，取得了巨大的商业利益和政治利益，并且阻止其他人分享这些数据，但是这与反垄断法的核心理念是格格不入的。反垄断法在数据领域完全可以适用，通过强制开放和协作合同的方式，促进数据在平等主体之间的交流，才能更好地实现数据的再利用、资源的再分配，实现“数据民主”。

特别要指出的是，政府必须开放其拥有的数据，不仅要与公民分享数据，而且政府机构之间也要共享信息。在当代中国，一个公民或者企业到不同政府部门办事却要提交完全相同或高度近似的材料，不仅浪费了时间，而且过度消耗资源。这种情况，在大数据时代必须得到彻底改变，最简单的办法莫过于真正的“信息公开”——非涉密即公开。

大数据对于变革商业模式的意义在于，任何人有权平等地利用信息——只要合法取得信息即可——阻碍信息的共享，必然会降低信息的商业价值，也就是违背了反垄断法的基本原则。中国的信息消费必将成为拉动经济转型和升级的重要引擎，借助反垄断法，为监管机构提供新的思路，可以促使监管者改变原有观念，着力协调政府机关之间、电信业务经营者之间、电信业务经营者与消费者之间的利益问题，在一定程度上解决当前监管的盲点和难点，对于我国电信业实现电信资源优化配置，保障电信市场竞争的公平和有效，提升消费者福利，都具有非常重要的意义。

用侵权责任法“把脉”电信和互联网行业

在过去3年里，数据总量比以往400年还要多。有研究报告显示，2011年全球新建和复制的信息量超过1.9 ZB，短短5年时间增加了将近9倍。预计到2020年，全球电子设备存储量将增至5.42 ZB。今天，大数据已经广泛应用于各个行业，而安全则是大数据价值实现的根本。当世界迈入大数据时代的时候，信息需要共享，然而隐私权和知识产权，似乎成为了分享信息和保护隐私的一个障碍；对于侵犯个人隐私和知识产权的行为当然必须追究责任，但是如何找到一个信息分享的平衡点则成为亟待解决的一个课题。2010年7月1日正式实施的《中华人民共和国侵权责任法》对明确侵权责任，预防并制裁侵权行为，促进社会和谐稳定有着重要的意义，是中国民法的重要组成部分。我们需要通过认真学习、研究这部法典，对照条文查找自身不足并加以改正，从而防范可能的法律风险。

一、侵权行为日趋复杂，原有观念亟待更新

传统侵权理论认为，构成侵权行为的要件有四项，分别是行为

（包括作为和不作为），损害，行为与损害之间存在因果关系和过错。一般而言，只有四个要件全部具备，才能构成一个侵权行为。随着信息技术的发展，我国电信、互联网用户和广告商利用3G，乃至4G的带宽优势可以及时、便捷地将各种文字、图片、音乐、电影作品和手机游戏向终端用户发送，已经成为侵权的新途径。主要特征是：

一是侵权人难以确定。目前，我国手机、互联网用户并未完全实行实名制，任意一个电信、互联网用户都可以向不特定的用户发送含有侵权内容的信息。权利人往往无法锁定侵权人，固定证据十分困难。更何况许多网络高手（如“黑客”）作为侵权行为人，可以利用电信系统漏洞、“木马”技术、“数据恢复”技术、口令破解技术、预设“后门”等多种先进技术窃取个人隐私和作品电子版，一般网络用户而言较难察觉。

二是侵权行为所涉领域更加广泛，包括文字、图片、音视频、游戏、微博、微信等一切能够数字化的信息，都能通过电信网和互联网实现即时传播，甚至能够实时转播电视信号。特别是碎片化的海量信息经过排列组合后，可以被“二次利用”，使人产生歪曲或误导的印象，在大数据时代，这些重组后的信息无法被“删除”，会永久保存。

三是侵权行为传播速度快，影响范围大。侵权人只需轻点按钮，就可以迅速将侵权作品向不特定的用户传播，终端用户可以即时接收和浏览到侵权作品，并能向他人转发扩大侵权损害。由此导致侵权行为发生地和结果地将更加模糊而宽泛，其危害后果将极为严重，而且网络隐私侵权行为人可以凭借其技术优势，迅速更改和删除证据，这对隐私权人举证极为不利。

无论侵权行为多么复杂，侵权人（包括网络用户和网络服务提供者）都应当依法承担侵权责任。《侵权责任法》规定，网络用户利用网络服务实施侵权行为的，被侵权人有权通知网络服务提供者采取删除、屏蔽、断开链接等必要措施。网络服务提供者接到通知后未及时采取必要措施的，对损害的扩大部分与该网络用户承担连带责任。网络服务提供者知道网络用户利用其网络服务侵害他人民事权益，未采取必要措施的，与该网络用户承担连带责任。换言之，弱化侵权行为构成要件的主观因素，已经成为一种趋势。我们不能仅为发展，而忽视维护网络安全，更不能放弃要求网络用户和网络服务经营者和使用者承担其应尽的义务；即使不要求其对侵权行为承担无过错责任，也需要对其对传输内容尽到最低限度的注意义务。

二、“善良人”义务延伸，网络服务提供商和政府机构需要未雨绸缪

网络用户和网络服务提供商不仅要尽到“诚实善意第三人”的注意义务，而且随着信息网络技术和大型服务器的广泛应用，一些政府机关以及其他具有管理权的公共组织、金融机构等也掌握海量的个人隐私信息（如个人账号和密码等）以及各种作品。例如，“脸谱”（Facebook）公司，拥有全球6亿多用户，仅仅2013年上半年就被美国政府索取了1.2万次用户信息；国内的“百度文库”拥有的文档亦数以亿计。

个人信息、版权作品等大数据往往集中存储在一定的设备中，一旦泄露将对当事人的个人隐私、经济利益等造成巨大影响和损失，甚至严重危及社会安全和公共秩序；因而无论是从保障当事人隐私权益、知识产权还是从维系社会安全的角度来看，都应要求其

尽到更高的注意义务，课以更严格的责任。因此，为维护用户隐私安全和知识产权，保护个人及社会公共利益，应要求掌握海量的个人隐私信息和作品的政府机关、其他公共管理部门以及金融服务机构、征信机构等社会组织课网络用户的行为尽到以更高的注意义务，适用过错推定责任。

根据中国的司法实际情况和监管工作的发展来看，网络用户和网络服务提供者的义务是在加重的。对于境内电信网和互联网的管控，除了传统的行政管理手段外，采用更先进的技术手段已经是大势所趋。网络服务提供者在网络的设计、建设和运行中，应当做到与国家安全和网络安全的需求同步规划，同步建设，同步运行；应当按照国家有关电信安全的规定，建立健全内部安全保障制度，实行安全保障责任制。

三、网络服务提供商应当加强自身建设和制度创新以防范法律风险

虽然《侵权责任法》给电信行业提出了一些新问题、新挑战，但是全行业恰恰可以此为契机，提高工作水平和自身素质，为进一步发展奠定更坚实的基础。

首先，网络服务提供商应当主动寻求监管机构的支持和帮助。众所周知，政府的责任在于提供公共产品和公共服务；电信管理机构不仅为广大网络用户服务，还有责任促进电信业持续健康发展。监管机构和企业应当拧成一股绳，共同对经营活动的法律问题和典型案例进行专题研究，探索解决之道；积极与其他有关政府部门和公安司法机关进行沟通，争取获得政治支持和法律保障；通过专业媒体和大众媒体发出行业共同的声音，营造良好的舆论环境。

其次，电信、互联网行业还应与保险业合作，通过保险服务化

解风险，转嫁危机。西方发达国家几十年来通过保险产品使侵权责任很快得到处理，企业能够从日常繁杂的纠纷中脱身出来，集中精力搞好经营活动。我国的保险制度相对落后，但是电信、互联网行业可以发挥自身优势，与保险业一道积极寻找合作途径，通过保险产品创新和制度设计，对可能的侵权行为进行投保，把侵权责任通过保险产品进行理赔，这样不仅是当使人能够较快获得赔偿，也可以使电信业树立良好的服务形象。

最后，网络服务提供商应当与公安机关密切配合，加强网络运行与维护，从细节入手，不怕麻烦，防患于未然；与相关合作方就责任分担进行明确界定，尽量通过书面方式规范赔偿第三方之后的责任追偿问题；还应当对知识产权所有者做好沟通工作，争取谅解。

总之，电信、互联网行业应当以“治未病”的态度加强自身法制建设，不断提高全体从业人员的法律意识和运用法律知识解决实际问题的能力，为全行业持续、健康、快速发展提供有效保障。

学习“物权法” 整合通信基础设施数据

对电信、互联网行业而言，大数据不仅包括私人信息、海量作品，也包括行业自身的数据——通信基础设施，而这往往被人们所忽略。试想，如果没有通信基础设施的存在，信息如何传递？工业和信息化部电信研究院院长曹淑敏曾指出，“过去，很多人认为升级和改造信息通信基础设施只是电信行业或电信运营商的事；现在，人们越来越清楚地认识到，仅仅依靠电信行业或电信运营商很难独立做好相关工作”。在西方发达国家，对于基础设施建设和保护都是十分重视，法国通过立法方式把自来水、燃气等基础设施进行数字化管理；美国出台一系列优惠措施，为发电厂、水处理设施以及其他一些类似的基础设施公司设立网络安全保险。可见，利用物权法，整合通信基础设施数据资源，是通往大数据时代的一条重要途径。

深刻领会物权法根本原则，维护电信市场中经济主体合法权益

所谓物权，是指“指权利人依法对特定的物享有直接支配和排

他的权利，包括所有权、用益物权和担保物权。” 物权法保障一切市场主体的平等法律地位和发展权利；保护国家、集体私人的物权和其他权利人的物权，防范其他任何单位和个人的侵犯。政府在电信、互联网行业监管工作中应当特别注意，平等对待各网络服务提供商和用户，不因其所有制形式、规模大小、资金多少等因素而区别对待，更不能搞“权力寻租”，利用手中职权侵犯其合法物权。

物权法实行公示、公信原则，物权的设立、变更、转让和消灭皆应采取法定形式：不动产物权以登记为公示方法，动产物权以现实交付为公示方法。国家对不动产实行统一登记制度；不动产物权的设立、变更、转让和消灭，应当登记的，自记载于不动产登记簿时发生效力；不动产登记簿记载的事项，是物权归属和内容的根据。我国存在庞大的公共网络基础设施，依照物权法规定，电信设施等基础设施，依照法律规定为国家所有的，属于国家所有。基础电信业务经营者对于这些设施也应尽快进行清理，依法登记，并妥善保管登记机关发放的权属证书；对于权属有争议的财产，可以向人民法院请求确认权利；对于妨害物权行使或可能妨害物权行使的行为，可以请求行为人排除妨害或者消除危险；对于造成设施损害的行为，可以要求行为人修理、重做、更换或者恢复原状。

明确小区建筑区划内电信设施产权，妥善解决产权纠纷

物权法明确否定了一物一权原则，承认小区业主的建筑物区分所有权，规定建筑区划内的公用场所、公用设施属于业主所有。由于近年来电信市场激烈的竞争，各种制度的建设尚未健全，各基础电信业务经营者为了从房地产开发商手中换取建设小区电信配套设施产权及其使用权，以达到排斥其他企业进入经营的目的，承担了小区通信管线建设投资。根据物权取得制度的基本原理，“谁投资谁受益”，小区配套电信设施的产权当然为基础电信业务经营者所有；由此，产生了小区电信设施所有权的矛盾，这将可能引发大量的争议，甚至诉讼。如何妥善处理这些纠纷会成为一个电信业务经营者面临的新课题。基础电信业务经营者有必要将相关设施按照物权法的要求做好产权登记，证明自己对该设施的所有权，并且在今后的市场竞争中更加理性，合理地规避类似风险。

结合物权法和相关法律，妥善处理电信建设中的“相邻关系”

物权法明确规定，不动产权利人对相邻权利人因通行等必须利用该土地的，应当提供必要的便利；不动产权利人因建造、修缮建筑物以及铺设电线、电缆、水管、暖气和煤气等管线必须利用相邻土地、建筑物的，该土地、建筑物的权利人应当提供必要的便利。这就为基础电信业务经营者从事电信建设提供了有力的依据。各企业可以利用该条款，并结合《电信条例》的有关规定，要求相邻关系人给予配合。

需要注意的是，基础电信业务经营者建造建筑物（包括基站、设备间等），应当遵守国家有关建筑规划的规定，不得妨碍相邻建筑物的通风、采光和日照；不得排放大气污染物、水污染物、固体废物以及施放噪声、光、磁波辐射等有害物质；不得危及相邻不动产的正常使用和安全；同时，应当尽量避免造成损害，如果给他人造成损害，则应当给予赔偿。

完善配套立法，利用数据资源

通信基础设施作为一种宝贵的资源，为物权法所保护；但是在实际操作中，鲜见对于通信基础设施的统计和确权。通信基础设施的产权混杂在各种建筑物的产权文件中，这就严重地影响了对这些数据的采集和整理。换言之，连基础电信服务提供商都无法清楚到底自己有多少资产，也不清楚他们的位置，何谈维护、何谈再利用呢？2013年8月8日天津移动的断网事件就为人们敲响了警钟：在长达一个小时的断网期间，无法确定哪套系统出了问题，也无法寻找到哪个节点出现阻断。究其原因就在于，基础电信服务商没有把大数据的概念与通信基础设施的物权相结合。

通信基础设施的物权必须独立，它不是添附物，不是附属品；在大数据时代，全部的通信基础设施数据就构成了一个牢不可破的网络，这个网络可以再延伸，但网络本身的弹性可以使它不断协调，不断自我修复。

为了保护我们基本的通信权力，就必须保护通信基础设施，就必须对其进行产权登记，因此，在未来的《电信法》中，参照《物权法》的有关规定，对通信基础设施的变更做出明确规定。在实际操作中，基础电信服务商需要对全部设施进行认真梳理和统计，取得尽量完整的数据——大数据。

总之，我们应当深入宣传、学习物权法的立法主旨、基本内容和各项规定，并紧密结合大数据时代的要求，学法辨是非、知法明荣辱、用法止纷争，增强依法行使权利、履行义务的意识和能力，维护全行业合法利益，促进电信互联网行业持续、健康发展。

浅析涉及网络领域的各种"盗窃"行为

据预测，到2015年，信息消费规模超过3.2万亿元，年均增长20%以上，带动相关行业新增产出超过1.2万亿元，其中基于互联网的新型信息消费规模达到2.4万亿元，年均增长30%以上。基于电子商务、云计算等信息平台的消费快速增长，电子商务交易额超过18万亿元，网络零售交易额突破3万亿元。

但是，近年来，涉及网络领域的各种"盗窃"行为不断出现，花样翻新：有的行为人盗接他人通信线路、复制他人电信号码，获取不义之财；有的行为人将电信卡非法充值后使用，造成较大数额的电信资费损失；有的行为人盗用他人公共信息网络上网账号、密码上网，造成他人损失较大数额电信资费；有的行为人盗卖QQ号码等非刑法意义的财物，牟取非法利益。

盗窃罪是刑法规定中的极为重要的一个犯罪，也是最为常见的一种犯罪。大约占整个刑事案件的50%以上。我国刑法、最高人民法院司法解释都对此有专门规定。上述各种行为都涉及电信领域，也都有"盗窃"的因素，但是对这些行为人的定罪量刑，不能笼统地全部以盗窃罪论处，而应当从现行法律规定和刑法理论出发，逐一分析。

一、涉及电信业的盗窃行为中，凡符合盗窃罪特征的，均应以本罪论处

盗窃罪属于窃取、骗取型财产犯罪，是指以非法占有为目的，秘密窃取数额较大或者多次盗窃公私财物的行为。它的特征是：第一，本罪主体为一般主体，凡已满16周岁，具有刑事责任能力的自然人均可成为本罪的主体；第二，本罪在主观方面是直接故意，并具有非法占有公私财物的目的；第三，本罪在客观方面表现为秘密窃取数额较大的公私财物或者多次盗窃公私财物的行为；第四，本罪侵犯的客体是公私财物所有权。根据《中华人民共和国刑法》（以下简称《刑法》）和有关司法解释的规定，涉及电信领域的盗窃犯罪大致分为以下三类。笔者试结合相关典型案例论述之。

（一）以牟利为目的，盗接电信运营商线路的行为

典型案例：

2005年7月到8月间，T市的两名犯罪嫌疑人张某、李某（原系某电信运营商职工，后被辞退），经过预谋，利用李某曾在该公司工作过的便利条件，私自将多部固定电话接入其长途平台，在1个月时间里为18部固定电话用户开通国际长途业务，并按照包月的计费方式向这些用户收取100元到200元包月费，该公司造成经济损失10余万元，两人从中牟利1万余元。日前，两人被T市N区人民检察院以涉嫌盗窃罪依法批准逮捕。

分析：

该检察院依据的是《刑法》第264条和第265条。第264条是关

于盗窃罪定罪量刑的内容。第265条则规定“以牟利为目的，盗接他人通信线路、复制他人电信号码或者明知是盗接、复制的电信设备、设施而使用的，依照本法第二百六十四条的规定定罪处罚。”在本案中，张某、李某二人盗接某基础电信业务经营者的通信线路，并非法为固定电话用户开通国际长途业务，收取所谓“包月费”，造成电信资费损失数额较大，从而构成了盗窃罪。在认定其犯罪情节时，应当根据有关司法解释的规定，按当地电话初装费计算；销赃数额高于电话初装费的，盗窃数额按销赃数额计算。

此外，本案中认定两名犯罪嫌疑人行为性质时，应当注意与非法经营罪相区别。根据《最高人民法院关于审理扰乱电信市场管理秩序案件具体应用法律若干问题的解释》规定，违反国家规定，采取私设转接设备的方法，擅自经营国际电信业务进行营利活动，扰乱电信市场管理秩序，情节严重的，依照刑法第二百二十五条第（四）项的规定，以非法经营罪定罪处罚。其中“情节严重”的标准是：第一，经营去话业务数额在一百万元以上；第二，经营来话业务造成电信资费损失数额在一百万元以上；第三，两年内因非法经营国际电信业务或者涉港澳台电信业务行为受过行政处罚两次以上；第四，因非法经营国际电信业务行为造成其他严重后果。本案中两名犯罪嫌疑人虽然有非法国际电信业务的行为，但是他们造成某电信运营商损失数额为十万元，在案发前未受到过行政处罚，也未造成其他严重后果，不属于非法经营行为“情节严重”，因此不构成非法经营罪。

（二）将电信卡非法充值后使用，造成较大数额的电信资费损失的行为

典型案例：

1、非法串转虚增充值卡，盗窃电信资费数额巨大，被判重刑

2003年1月至4月，H省何某等6人在多部IC卡话机上，通过串号虚增充值卡金额的方法，虚增电信充值卡的金额44万余元，并将盗取的电信充值卡以一定的折扣多次转卖给数人，在社会上造成不良影响。法院认为，何某等人蓄意合谋结伙或分别在IC卡电话机上，用串号虚增电信充值卡金额的方法，秘密窃取电信资费，分别判处2至13年不等有期徒刑，并处数额不等的罚金。

2、激活废卡价值35万，电信运营商“内鬼”被判13年

2005年11月21日，某电信运营商员工单某利用工作之便进入充值卡数据库，通过运行数据库操作语言，对面值为50元的7000张已经充值使用的充值卡数据进行修改，将其修改为未使用状态，从而激活了过期的充值卡；并由此在市场上销售获利20余万元。法院一审以盗窃罪，对单某判刑13年、并处罚金10万元。

3、聪明反被聪明误，网上盗窃领徒刑

2004年9月，Z省某通信店老板娘王某，在网上“冲浪”时打开了某电信运营商主页，进入手机充值服务区并试着输入工号“YH01”和密码123456，没想到成功进入。她试着为男友充值100元成功后，在贪图小利之心的驱使下，于9月9日至10月15日间，王某先后12次为自己、家人及前来充值的顾客进行充值，为顾客充值时按照充值金额收取现金，充值总额达1650元。法院以盗窃罪一审判处被告

人王某（女）有期徒刑六个月，缓刑一年，并处罚金2000元。

分析：

审理上述三个案件的依据是《最高人民法院关于审理扰乱电信市场管理秩序案件具体应用法律若干问题的解释》第七条，该条规定“将电信卡非法充值后使用，造成电信资费损失数额较大的，依照刑法第二百六十四条的规定，以盗窃罪定罪处罚”。虽然这些案件中的犯罪分子利用各种手段为电信卡非法充值，但是并不影响对其罪行性质的认定。

这里需要注意的是，上述案件中犯罪分子行为所指向的对象不是电信卡本身，而是电信卡中承载的电信资费。因为盗窃罪的犯罪对象不仅包括金、银等有形物品，也包括电力、煤气等无形财产；电信卡本身仅是电信服务合同的凭证，不具有任何经济价值，而其记录的一定数量电信资费，则具有可以客观衡量的经济价值，受到法律保护。有鉴于此，电信资费尽管是无形的，但仍然可以成为犯罪分子的作案对象。

此外，从上述案件中我们不难发现，电信业务经营者的工作人员和代理商容易利用工作之便，作出触犯法律的行为，谋取非法利益，因此广大电信业务经营者有必要通过建章立制、通过完善网络与信息系统的防范措施、加强法制培训和网络安全风险评估等手段约束本企业员工和代理商，以有效地维护企业利益。

（三）窃取他人上网账号和密码，造成他人较大数额电信资费损失的行为

典型案例：

2003年7月，M省人霍某在网上看见一篇关于黑客技术的文章，文章介绍了ADSL设备存在的设置漏洞及获得初始密码的具体做法。之后，F通过自己的宽带线路上网实践，以代理计算机为跳板，利用“流光”等黑客软件进行窃取，得到不同地区的某电信运营商的用户宽带上网账号及密码。于是，霍某不断窃取L市、Q市等地区用户的宽带上网账号及密码，然后用被窃取的上网账号及密码登录某网站为他人低价充值游戏卡，从中获利15万元，并造成他人的电信资费损失26万多元。霍某被法院以盗窃罪判处有期徒刑12年，并处罚金3万元。

分析：

我国法律没有把“黑客”手段等危害社会的网络技术作为独立的罪名，而只当作犯罪构成要件中的客观方面来看待。《刑法》第二百八十七条规定，“利用计算机实施金融诈骗、盗窃、贪污、挪用公款、窃取国家秘密或者其他犯罪的，依照本法有关规定定罪处罚。”而《全国人民代表大会常务委员会关于维护互联网安全的决定》也作出了类似规定。在本案中，霍某利用黑客技术实施盗窃行为，应当根据刑法关于盗窃罪的规定处罚。同时，《最高人民法院关于审理扰乱电信市场管理秩序案件具体应用法律若干问题的解释》第八条规定，“盗用他人公共信息网络上网账号、密码上网，造成他人电信资费损失数额较大的，依照刑法第二百六十四条的规定，以盗窃罪定罪处罚。” 因此，霍某利用黑客技术，秘密窃取他

人上网账号和密码，通过为他人低价充值游戏卡的方式从中获利，并造成他人的电信资费损失数额较大，构成了盗窃罪。

在量刑方面，霍某盗窃行为给用户造成的损失大于获利数额，应当根据《最高人民法院关于审理盗窃案件具体应用法律若干问题的解释》的规定，把损失数额作为量刑情节。

从本案中可见，涉及电信领域的盗窃行为呈现手段多样化、高科技化的趋势，传统的防范手段已经远远不能有效限制威胁。因此，加快网络安全立法，促进网络安全技术创新已经成为当务之急。

二、行为人盗卖QQ号码等非刑法意义的财物，不构成盗窃罪

典型案例：

2005年3月到7月间，曾某、杨某二人合谋，利用曾某在腾讯公司安全中心负责系统监控工作的机会，通过窃取他人QQ号出售获利，造成QQ用户无法使用原注册的QQ号。经查，二人共计卖出QQ号约130个，共获利61650元。今年1月13日，人民法院对该案作出一审宣判，以侵犯通信自由罪分别判处二人各拘役6个月。

分析：

根据《刑法》规定，盗窃罪的犯罪对象是“公私财物”。我国《刑法》第91、92条及《最高人民法院关于审理盗窃案件具体应用法律若干问题的解释》对公私财产的含义及其种类有明确的规定，要求财物通常具有经济价值，并且其经济价值能够以客观的价值尺度进行衡量。而QQ号码是一种即时通信服务代码，其表现形式是

多个阿拉伯数字的组合。注册用户通过QQ号码及设定的密码确定用户在互联网上的身份，获取腾讯公司提供网络服务，并且这种服务自申请QQ号码时起通常就是免费的。因此，QQ号码不具有法律意义上的经济价值，即不属于刑法意义上的财物。我国现行的法律尚未明文将QQ号码等网络账号纳入刑法保护的财产之列，也就是说，曾某、杨某二人的行为没有构成盗窃罪。

此外，从腾讯QQ软件的功能来看，主要是对外联络和交流。因此，以QQ号码作为代码所提供的网络通信服务才是其核心内容。本案中，无论从腾讯QQ软件的主要功能还是本案被害人所感受到的被损害的内容来看，QQ号码应被认为主要是一种通信工具的代码。《刑法》第252条规定："隐匿、毁弃或者非法开拆他人信件，侵犯公民通信自由权利，情节严重的，处一年以下有期徒刑或者拘役。"随着科技的进步和互联网的普及，书信在通信方式上的统治地位逐渐削弱，而以互联网为媒介的电子邮件和其他文字、语音、视频日益成为重要的通信联络方式。为此，全国人民代表大会常务委员会于2000年12月28日通过的《关于维护互联网安全的决定》第四条第（二）项规定："非法截获、篡改、删除他人电子邮件或者其他数据资料，侵犯公民通信自由和通信秘密的，依照刑法有关规定追究刑事责任。"本案中，二被告人作为熟悉互联网和计算机操作的QQ用户，篡改了130余个QQ号码密码，使原注册的QQ用户无法使用本人的QQ号与他人联系，造成侵犯他人通信自由的后果，其行为符合上述法律规定，应当认定为侵犯通信自由罪。

综上所述，涉及电信业的"盗窃"行为多种多样，不能一概而论。各地电信管理机构在配合当地公安司法机关打击涉及电信领域

的犯罪行为时，仍需要坚持以事实为根据、以法律为准绳的原则，结合现行法律规定与法学理论通说，具体问题具体分析，不枉不纵，从而维护广大人民群众根本利益，实现社会和谐稳定。

第二部分

行业监管应促进“大数据”发展

信息消费助力实现“中国梦”

2013年8月，国务院印发《关于促进信息消费扩大内需的若干意见》，为我国当前经济结构调整，产业的升级指明一个正确的方向，体现了社会主义市场经济的根本要求，更是符合大数据时代下人们的期望。因此，我们有必要认真学习领会文件精神，深入研究产业现状和突出问题，从财税支持、业务创新、法律规范等方面促进信息消费的培育和成长。

一、信息消费的动力在于业务创新

信息技术的发展，目前已经达到了一个前所未有的高度；信息消费主要是居民信息消费，既包括通话、短信、微信、音视频等直接信息类消费，也包括移动电话、智能电视、平板电脑等数码产品消费，还包括网络购物、远程医疗、远程教育等间接消费。无论哪种消费类型，只要为用户所接受，都可以为提供商带来巨大的利润——淘宝、腾讯的发展说明了一切。网络用户，特别是青少年非常乐意体验新业务，也愿意为有创意、更人性的产品和服务“买单”，这与一些互联网业务长期免费不同——如同电影产业中，很多人为了追求大场面刺激，更愿意到买电影票一样。

可见，开发新业务应当避免陷入“山寨”思维，即对国外的新业务囫囵吞枣，一味模仿、抄袭，仅仅汉化后就在国内市场上推广。这样的业务，即便能带来短期效益，也难以长期维持用户的新鲜感，更不用说带来可观的经济效益。比较典型的案例就是虚拟社区——从聊天室到校友录，从开心网到微博、微信，用户粘合度的高低决定了企业的收益。如何对引进的业务进行再开发、再利用，充分发掘“大数据”的价值，是企业必须要迈过的一道坎。

电信业务经营者在推出新业务时，需要对市场进行充分的调研，应当注重普通用户体验，而不仅仅是工程师或专家的体验；应当合理定价，可以免费试用，但是不应长期免费，否则企业难以为继；应当开发有益于身心健康的产品，避免含有反动、低俗、恐怖、暴力等内容的产品和服务流入信息市场，否则企业不仅会失去“消费者选票”，也会遭到政府的坚决打击，得不偿失。

电信管理机构必须鼓励支持企业的业务创新：对于国有企业和民营企业要一视同仁，不偏不倚，对于不同所有制企业之间的商业纠纷，可以调解，但不过多介入，更不能成为矛盾的焦点；对于新业务在市场中的推广采取宽容的态度，在没有明显违法的情况下，不轻易“叫停”；对于应用中产生争议的业务，应当加强调研，不盲动，不随波逐流，通过合理引导舆论，为业务创新和产业进步创造宽松的氛围。总之，政府必须克制“父爱精神”，控制“有形之手”，仅在“市场失灵”的时候，进行必要干预。

二、信息消费需要财税支持

十年来，房地产、汽车等商品在我国市场成爆发式增长态势，究其根本原因，是国家财政给予了重要支持，特别是对于上述产品的消费信贷予以放宽，极大地刺激了消费者的购买欲望。这对信息消费具有很大的启示作用。电信管理机构的职能之一，就是促进产业发展和消费者福利增长，因此，应当协调相关职能部门从财政和税收方面对于信息消费给予扶持。

就财政政策而言，需要借鉴国内外的成功做法，加大对信息消费的刺激力度。主要有：发放只能用在信息消费领域的消费券或消费卡；鼓励借贷消费和信用消费，对于还款能力强的中青年提供信息消费优惠贷款利率或信用贷款；尽快建立网络用户补偿基金和普遍服务基金，通过转移支出的方式鼓励、引导、保护消费，让网络用户后顾无忧；适时提供对智能电视、平板电脑等产品的专项财政补贴，为农村地区中小学生免费提供数码产品，努力消除不同人群和城乡之间的“数字鸿沟”。

网络用户在购买电信服务时候，表面上看不承担任何税费——我国的消费税不含电信业，但实际上，电信业务经营者是将自己应当承担的税费转嫁给了网络用户的，这里主要包括增值税、流转税附加税（城建税与教育费附加）、残疾人就业保障金等。虽然2011年年底开始“营业税改征增值税试点”工作为电信业减轻了税负，但是与人民群众的期望相比，仍有不小差距；更何况一些地方政府部门乱摊派、乱罚款等行为也加重了企业的负担，从而影响了消费者的福祉。因此，国家应当根据电信业的实际情况，采取进一步的降税措施，可以在发达地区将营业税税率调整为4.5%以下，在部分中西部偏远地区免除电信业的营业税；对于电信业内的中小企业，各地政府还适当返还城建税和教育费附加；对于安排残疾人工作的大型国有基础电信业务经营者，应从集团整体角度考虑，合理减免残疾人就业保障金。

三、信息消费要求法律保障

考察促进信息消费面临的法律障碍，应当避免就事论事，而是要从公法和私法两个角度入手，通过现象探究本质。

现实中，一些不法企业跨过了电信业务市场准入的门槛后，肆意妄为，利用新技术手段，或提供非法、有害的信息产品，或以欺诈、隐瞒事实等方法侵害用户利益；同时，导致“劣币驱逐良币”的现象出现——守法的企业要么退出市场，要么被迫提供类似的业务。这就使社会上产生对电信业负面印象和评价，从而使一些用户视信息消费为洪水猛兽。因此，从公法角度而言，电信管理体制应当从改变“重审批、轻监管”的模式入手，一方面继续坚持鼓励民营资本进入电信服务领域，另一方面也要加大对市场上各种新业务的调研和考察力度，用好手中的权力，对于企业的违法行为，要坚决处罚，绝不姑息；效仿律师、会计师职业资格，设定合理的电信业职业资格制度，提高从业门槛，对于侵害用户利益、影响行业形象的从业人员，特别是企业高级管理者，应当予以驱逐，符合刑法规定的要移送公安司法机关。

从私法角度看，电信管理机构应当吸收国内外民法、民事诉讼法发展的最新成果，进行必要的制度创新：

第一，电信管理机构应当依据《电信服务质量监督管理暂行办法》和《电信服务规范》的要求，尽快建立网络用户服务保证金制度，对于用户合理的投诉，可以通过该项资金先行赔付；对于信誉良好的企业，可以免征、减征，甚至退还保证金；对于信誉差、投诉多的企业，应当加大保证金追缴力度。这样不仅可以保证用户的利益，也规范了企业的经营行为，使整个产业形成良性循环。

第二，对于企业与用户之间的争议，电信管理机构应当鼓励当事人通过仲裁和诉讼渠道解决，避免因为行政调解而陷入尴尬境地——行政调解无约束力，反而成为当事人反悔时的口实。当前，多起涉及地方电信管理机构的行政诉讼，均是因网络用户对调解结果不满，又无法从企业获得更多补偿而引发的。网络用户申诉受理流程中的调解制度无法与民事诉讼、仲裁相比，存在诸如参与人、举证责任、强制执行等天然的缺陷，在实践中该制度已经产生了很多不良后果，有必要从“顶层设计”角度进行全面改革。

第三，电信管理机构应当培育和引导企业树立知识产权意识，一方面要求企业建立法律风险评价机制，在引入国内外先进智力成果时不侵犯他人合法的知识产权，特别是著作权（版权）、专利权；另一方面要帮助企业保护自身知识产权，在对外交往中维护自身商业秘密、专利技术和商誉，尤其是对创意的保护。

第四，电信管理机构应当与公安、社保等部门相协调，在电信服务提供商的用人上予以政策倾斜，适当提供户籍、社会福利等方面的优惠待遇，解除从业人员的后顾之忧。

综上所述，信息消费发展潜力大、带动性强，必将成为拉动国民经济增长的新引擎；电信、互联网行业应当认真梳理当前存在的阻碍信息消费发展的矛盾和问题，转变政府职能，创新管理方式，积极研究对策，促进信息消费更好更快地发展。

4G经营需防范的法律风险

当前，4G网络建设正在如火如荼地开展。与3G（第三代移动通信技术）业务相比，4G（第四代移动通信技术）业务才算作是真正的大数据：流量更大、内容更丰富、应用更广泛，海量存储与无线通信更完美融合。但是，基础电信业务经营者在服务协议、业务设计中的一些漏洞往往与法律精神不一致，甚至相背离，从而面临一定的民事法律风险。主要包括：对格式条款内容的把握，如何管理代理商和合同订立的方式。因此，认真学习有关法律法规，才能规避风险，在激烈的市场竞争中获取最大的利益。

一、强化对格式条款中免责内容的明示

多年来，基础电信业务经营者在经营活动中一直采取格式条款作为签订合同的主要方式，这在4G营销中也不例外。格式条款是当事人为了重复使用而预先拟定，并在订立合同时未与对方协商的条款；它不仅可以使交易活动标准化、便捷化，也可以简化缔约手续，减少谈判时间，降低交易成本，提高生产经营效率。但是，电信行业的格式条款近年来饱受非议，有的甚至被指责为“霸王条款”。

合同法规定，采用格式条款订立合同的，提供格式条款的一方应当采取合理的方式提请对方注意免除或者限制其责任的条款，按照对方的要求，对该条款予以说明。《合同法》从维护公平、保护弱者出发，对格式条款从三个方面予以限制：第一，提供格式条款一方有提示、说明的义务，应当提请对方注意免除或者限制其责任的条款，并按照对方的要求予以说明；第二，免除提供格式条款一方当事人主要义务、排除对方当事人主要权利的格式条款无效；第三，对格式条款的理解发生争议的，应当作出不利于提供格式条款一方的解释。为了进一步保护合同关系中弱势一方，2009年5月13日起实施的《最高人民法院关于适用〈中华人民共和国合同法〉若干问题的解释（二）》（以下简称《合同法司法解释（二）》）对格式条款的使用做了进一步要求：提供格式条款的一方对格式条款中免除或者限制其责任的内容，在合同订立时采用足以引起对方注意的文字、符号、字体等特别标识，并按照对方的要求对该格式条款予以说明的，人民法院应当认定符合上述条款所称“采取合理的方式”。对此，基础电信业务经营者应当根据这些规定对自身管理制度进行调整。首先，应当在印制格式条款时，对免责条款做彩色字体、加大加粗字号或使用斜体字的处理，而不是仅仅提示用户“已清楚明白上述内容的意思”；其次，加强对营业厅工作人员、代理商的培训，要求他们在营销活动、尤其是电信卡的销售过程中，注意提示消费者有关免责事项和有效期；最后，在此基础上，基础电信业务经营者应当保留用户签字确认的单据等文件，作为已尽合理提示及说明义务的证据，否则依据“司法解释（二）”，可能在诉讼中承担举证不利的责任。

二、审慎对待代理商的行为

基础电信业务经营者为了开拓4G市场，除靠自身的力量外，与代理商进行了广泛的商业合作。但是，代理商为了实现自身利益最大化，经常未经授权就以基础电信业务经营者的名义进行营销活动，或超越受权范围做出经营行为，有的甚至在与基础电信业务经营者的代理关系终止后仍进行代理活动，这些行为都属于无权代理行为。

所谓无权代理，是指在没有代理权的情况下以他人名义实施的民事行为的现象。可见，无权代理并非代理的种类，而只是徒具代理的表象，却因其欠缺代理权而不产生代理效力的行为。无权代理有广义和狭义之分。广义的包括表见代理和表见代理以外的无权代理。狭义的仅指表见代理以外的无权代理，在中国，无权代理一般指后者，即没有代理权、超越代理权或者代理权终止后所进行的代理。未授权之无权代理，指既没有经委托授权，又没有法律上的根据，也没有人民法院或者主管机关的指定，而以他人名义实施民事法律行为之代理。越权之无权代理，指代理人超越代理权限范围而进行代理行为。代理权消灭后之无权代理，指代理人因代理期限届满或者约定的代理事务完成甚至被解除代理权后，仍以被代理人的名义进行的代理活动。

对于无权代理行为，合同法明确规定，未经被代理人追认，对被代理人不发生效力，由行为人承担责任。相对人可以催告被代理人在一个月内予以追认。被代理人未作表示的，视为拒绝追认。从表面上，这似乎对基础电信业务经营者比较有利；但是，在现实生活中，情况并非如此乐观。以电信卡销售为例，很多用户在街头小贩处购买电话号码卡后，即刻便能拨打、接听电话；在购买充值卡后即可为自己的电话号码交纳话费，这些都意味着基础电信业务经营者已经开始履行合同。依据《合同法司法解释（二）》的规定，“无权代理人以被代理人的名义订立合同，被代理人已经开始履行合同义务的，视为对合同的追认”；基础电信业务经营者开通号码或承认交纳话费的行为就是对合同的追认，同时与用户产生了合同关系；即使由此产生了损失，也依法只能向无权代理人——街头小贩——进行追偿。

因此，基础电信业务经营者应当加强对企业内部的管理，堵塞各种漏洞，严格控制各种业务的开通流程，严厉处罚个别营私舞弊的人员；加强对代理商的监督管理，限制其转委托行为，要求其在开展代理业务过程中，应出具被代理人的有效收费凭证和用户服务协议，并及时反馈有关文件和详细、准确的用户资料；第三，在社会上广泛宣传电信服务规范和企业办事流程，让网络用户通过合法方式，明明白白消费。

三、合同订立更灵活

合同的订立是指两方以上当事人通过协商而于互相之间建立合同关系的行为。合同的订立是合同双方动态行为和静态协议的统一，它既包括缔约各方在达成协议之前接触和洽谈的整个动态的过程，也包括双方达成合意、确定合同的主要条款或者合同的条款之后所形成的协议。前者如要约邀请、要约、反要约等，包括先合同义务和缔约过失责任；后者如承诺、合同成立和合同条款等。依据合同法，合同的内容一般包括当事人的名称或者姓名和住所、标的、数量、质量、价款或者报酬、履行期限、履行地点、履行方式、违约责任和解决争议的方法等条款。然而，在电信、互联网领域，尤其在4G等新业务推广中，基础电信业务经营者与用户签订的很多合同并非传统纸制书面协议，而是通过电话、短信等口头或数据电文的形式，其成立与传统合同有所不同。根据“合同法司法解释（二）”，“人民法院能够确定当事人名称或者姓名、标的和数量的，一般应当认定合同成立。”这无疑有利于用户更方便地订制4G业务，使其在短时间内实现广泛普及，但不意味着其他条款可有可无，基础电信业务经营者应当就其他内容与用户进行谈判，如果双方当事人达不成协议的，则依照合同有关条款或者交易习惯确定。

就交易习惯而言，《合同法司法解释（二）》规定了两种情形，一是在交易行为当地或者某一领域、某一行业通常采用并为交易对方订立合同时所知道或者应当知道的做法；二是当事人双方经常使用的习惯做法。这两种情形以不违反法律、行政法规强制性规定为前提条件，而且需要由提出主张的一方合同当事人承担举证责任。

基础电信业务经营者多年来形成一整套服务模式和流程，为广大用户所认可，并沿用至今，形成习惯。但有的内容并未能写入以数据电文形式订立的合同之中，这就为争议的产生埋下隐患。因此，在推销4G业务过程中，基础电信业务经营者应当尽量与用户作好沟通，使之了解办理的业务详细内容，提示其注意资费标准和计费方式，不擅自增加或者变相增加收费项目；广泛宣传《电信服务规范》，让社会公众清楚电信业的服务标准；在广告中尽量避免夸张内容，认真履行公开作出的承诺，自觉接受舆论监督。通过这些方式，基础电信业务经营者可以将4G业务更清晰地展示给用户，从而避免不必要的误解。

总之，基础电信业务经营者应当认真学习、研究“合同法司法解释（二）”的立法主旨、基本内容和各项规定，并紧密结合电信行业法律、法规，学法辨是非、知法明荣辱、用法止纷争，增强依法行使权利、履行义务的意识和能力，维护企业和用户的合法利益，促进电信业持续、健康发展。

电信业务创新遭遇“智猪博弈”难题，政府应当如何作为？

大数据带来的产业变革之一，就是数据业务的极大丰富，但是一些增值电信业务经营者反映：他们在开发了一些新业务后，进行了市场推广，并取得一定业绩；但是有的大型基础电信业务经营者很快就“抄袭”这种创意，开发类似的产品，利用自身在市场上的强势地位，大规模宣传，挤占中小企业的份额。这与我国正在提倡的创新精神无疑是背道而驰的，使中小增值业务经营者面临着“智猪博弈”的困境。

一、“智猪博弈”与创新动力

“智猪博弈”是信息经济学里经典案例，意思是说：猪圈里有两头猪，一头大猪，一头小猪。猪圈一边有个踏板，每踩一下踏板，在远离踏板的另一端投食口就会落下10单位的食物。踩一下踏板需要扣除2个单位作为成本。如果有一只猪去踩踏板，另一只猪就会有机会抢先吃到落下来的食物。当小猪踩动踏板时，大猪会在小猪跑到食槽之前刚好吃光所有的食物（8个单位）；若是大猪踩动了踏板，小猪先到达食槽吃掉4单位食物，大猪能得到剩下的4单位食物。如果大猪、小猪同时去踩动踏板，那么大、小猪同时到达食槽，大猪吃掉4单位食物，小猪吃掉2单位食物。如果两只猪都不去踩踏板，那么它们都得不到食物。

这个有趣的故事假设了两头猪都是理性的，通过分析（如重复剔除的方法）可以发现，竞争中的弱者（小猪）以“等待”为最佳策略。可见，在这个博弈中，多劳者不一定多得。对于企业经营者来说，如何理解博弈论，如何运用博弈论原理指导企业有效管理，这是值得思考的事情：开发新技术或新产品对大企业来说是值得的，对于小企业得不偿失。

如前文所述，中小企业的“踩踏板”行为——业务创新给自身带来的利益远不及大企业通过“等待”而获得的利益，甚至会白白将已有的市场份额拱手让人。中小增值电信业务经营者的创新动力必然受到打击，不仅会失去商机，而且可能丧失在市场上存在的价值。因此，这些企业为了降低成本、维持生存，只能选择“等待”，即跟踪、模仿大企业的业务。

二、具有创新能力的增值电信业业务经营者应当受到保护

电信、互联网行业是知识密集、技术密集的产业。在网络市场中，新兴运营商与虚拟运营商大放异彩，拥有创新的技术模式与先进的应用概念的国内外解决方案提供商不断涌现，电信新业务目前已经层出不穷，每个消费者都能体会到电信新业务发展所带来的变化与乐趣；可以预见的是，尤其在4G牌照发放后，新业务将呈几何级的增长趋势——电信业的竞争已经从网络资源竞争转向电信新业务的竞争，通过创新运营模式、服务内容，稳定现有用户、抢夺

新用户、提升用户价值成了电信市场新的竞争热点。传统的基础电信业务经营者掌握着的庞大网络资源、优越的人力资源和巨大的市场份额；虽然面临严酷的竞争，但是凭借自身惯性和已有优势，仍然可以取得良好的业绩。与此形成鲜明对比的是，新兴的增值业务经营者要想迅速切入市场，在激烈的竞争中生存与寻求发展相当困难，因此必须打破旧模式、开发新业务，满足消费者日益增长的物质文化需求，这不仅为了企业的生存，还促进了整个行业的产业价值提升。

众所周知，中小企业的活力是市场创新的动力源泉；给予每个企业平等的竞争机会、保护企业的创新热情是市场经济的重要内容。我国企业的研发投入只占销售额的3%，而国外一些与之相当的企业用于科技开发的投入已占到销售额的20%左右。因此要加大对原始创新的投入力度和扶持力度。但是，在电信市场上，由于存在着规模经济，基础电信业务经营者具有无法匹敌的优势，对后进入者形成了巨大的阻碍。如果新进入该行业的公司不能达到一定规模，将难以与大企业进行竞争。这容易形成垄断，从而影响市场机制自发调节经济的作用，降低资源的配置效率。

历史上最早的市场经济的确是完全的自由经济，依靠“看不见的手”调节市场运行，政府只充当市场的“守夜人”。但是，随着市场经济的发展，其自身种种弊端不断显现，无法达到帕累托最优的状态，即市场失灵（Market Failure）。市场失灵的表现之一就是垄断和不完全竞争造成效率的降低，抑制技术进步。在一个竞争性的市场中，当市场自身不能提高效率的时候，政府必须出面予以解决，这是政府在微观经济领域主要职能的表现——解决市场失灵，保持市场活力。

大型基础电信业务经营者剽窃小企业的创意并加以推广，挤占中小企业的份额，不仅打击了积极性，也降低了整个市场的创新能力。在电信市场中，中小增值电信业务经营者势单力薄，是无法与之抗衡的，因此，如果想维持各类企业的平等地位、实现良性竞争，政府有必要进行干预。

三、政府如何保护具有创造力的“小猪”

监管机构应当把相关市场监管法律、法规与电信业相结合，从以下三方面入手影响市场：

第一，反垄断角度。根据反垄断法的原则，法律并不禁止经营者通过竞争取得市场支配地位，但是法律却禁止这些具有垄断势力的经营者滥用其支配地位，损害消费者和其他市场经营者的合法权益。我国的基础电信业务经营者拥有电信增值业务产业链的绝对控制权，很多业务只有通过他们的平台才能达到消费终端。而且，很多电信增值业务经营者不具备独立的品牌优势，它们只是隐藏在电信运营商背后提供各种服务。如果电信运营商滥用这种市场支配地位，完全可以非常方便地从内容、形式、渠道等多方面“抄袭”、“借鉴”中小企业的创新业务，挤压其利润空间。

政府部门应当严格禁止基础电信业务经营者这种滥用市场势力的做法。在信息产业部下发的文件《关于开展电信行业“诚信服务、放心消费”行动的通知》（信行建【2006】3号）中，提出了重点排查七大问题的决定，并首次将整肃矛头指向运营商，公开向基础电信业务经营者施压，要求其在与增值业务经营者合作时，不得滥用市场支配地位，忽视增值业务经营者的正当权益。这份文件的出台被普遍认为是信息产业部维护增值业务经营者合法权益，保护市场公平竞争秩序的表现。如果再不从反垄断的角度规制电信运营商的行为，那么我国的增值电信业务将面临由于竞争水平下降而整体滑坡的局面，最终的结果是损害了消费者的利益和全行业的利益。可以说，信息产业部的文件恰逢其时。

第二，反不正当竞争角度。我国《反不正当竞争法》第二条规定，经营者在市场交易中，应当遵循自愿、平等、公平、诚实信用的原则，遵守公认的商业道德。而不正当竞争行为，是指经营者违反法律规定，损害其他经营者的合法权益，扰乱社会经济秩序的行为。不正当竞争行为有很多表现，其中侵犯商业秘密属于我国法律明确禁止的一种。增值电信业务者通过自己的开发和创造，开拓出在内容、形式和市场适应性上都很独特的新业务，这在商业上具有实用价值和经济价值，并且其创造过程和技术手段在一定程度上都具有较强的保密性，不为社会公众所知悉，符合商业秘密的构成特征。这种增值电信业务构成了其进行市场竞争、获取利润的主要手段。可是，基础电信业务经营者可以借助自己的"平台"第一时间获知这些的创意机密，并可以通过自己对于消费终端的渠道和接触优势获得很多中小企业无法得到的有关该业务的市场信息。于是，他们一方面可以很方便地抄袭这些创意，另一方面还可以借助分析该产品的市场反馈信息做出进一步的改进，并借助自己的优势地位开发出类似产品，挤占本应属于中小增值电信业务者的市场。电信运营商的这种行为属于侵犯商业秘密的不正当竞争行为，扭曲了竞争机制，破坏了市场竞争，政府部门应当依法予以规制。

第三，知识产权保护角度。中小增值电信业务经营者通过自己的创新和宣传，开拓出新的增值电信业务形式和内容，付出了创造性劳动，应当获得法律保护。首先，这些新业务从内容上看，由于具有独创性，所以符合了《著作权法》规定的"作品"的条件，开发这些业务的企业作为著作权人享有由此带来的著作人身权和著作财产权。如果基础电信业务经营者完全抄袭了这种增值业务的内容，或者对其稍加改动、改头换面，则侵犯了作者的著作权，应当依法承担侵权责任。其次，从技术形式上看，新业务可能会由于其具有新颖性、创造性和实用性而可以获得专利授权。增值电信业务经营者对于其产品应当积极申请专利，以求获得《专利法》的保护。一旦被获准取得专利，则基础电信业务经营者的“抄袭”行为只要落入专利的权利要求范围内，即可被认定为侵权。再次，前已述及，这些新业务在一定程度上可以被认为是属于商业秘密。虽然，其业务拥有者必须通过基础电信业务经营者的平台才能将这些新开发的业务推广，但是借助该平台不意味着电信运营商可以随意获取、使用该项业务的商业秘密。商业秘密作为现代社会最为重要的一种知识产权客体，必须受到我国广大电信业务经营者的尊重和法律的严密保护。从保护知识产权、促进创新的理念出发，新颖的增值电信业务作为其开发者的商业秘密应当得到法律保护。

总之，企业作为市场经济中创造价值的主要实体，它的活动需要博弈，更需要规则。依法治企是市场经济发展的必然选择。政府部门在中小增值电信业务经营者和大型基础电信业务经营者的博弈过程中应当依法履行自己的监管职责，打击不正当竞争行为，保护企业的知识产权，维护市场的有序竞争状态。只有如此，我国的电信行业才能得到健康的发展。

为什么受伤的总是你？
——电信、互联网行业公共关系危机管理刍议

曾几何时，以某中央权威媒体为代表的全国传媒连篇累牍地报道WAP网站传播色情信息、垃圾短信、代收费乱象等事例，一次次把电信、互联网行业逼到被动的境地。随着大数据时代到来，业务内容更加丰富多彩，也愈加会引起用户的误解；如果营销推广中没有表达清楚，甚至会引起社会的反感。因此，如何应对公共关系危机已经成为整个行业不容回避和亟待解决的问题。

一、“无罪辩护”无法带来解脱

过去，经常出现的情况是，当某电视台的多个栏目从各个侧面剖析移动互联网上色情信息、垃圾短信或乱收费泛滥现象的时候，网络服务提供商第一时间为自己进行了辩护，其主要内容包括已经建立有关监控平台、对SP进行了有效的处罚，采取了“二次确认”等保护消费者措施，更重要的是企业无权对传输的内容进行界定并直接采取封堵措施。

然而，在声势浩大的舆论压力面前，这种“无罪辩护”多少显得苍白和徒劳。其原因有三：第一，网络服务提供商的言论大多刊登在业内媒体上，传播面和影响力远远不及那些主流权威媒体；第二，这次铺天盖地的报道显然有备而来，其调查内容十分翔实，无论广度和深度都无可比拟，网络服务提供商的辩解无法从根本上否定或者动摇对方的指控。最后，从报道的影响上看，老百姓希望对于移动互联网的色情信息、垃圾短信和乱收费进行有力地打击，而不是不了了之；如果网络服务提供商一味推卸责任，反而加重群众的反感，使自己处于更加孤立的境地。

二、危险与机遇并存

目前电信业面临又一次重大的信任危机，也可以称为公共关系危机。在这种情况下，整个行业面临的公众压力处于极限状态，如果处理不当，必然会带来难以估量的负面影响；反之，则可以将损失降低到最低程度，甚至可以利用危机来重塑形象。这就需要全行业从危机中寻求机会，加强自身建设，争取公众进一步了解和认同。

首先，电信、互联网行业需要相对完善的法律环境。这虽然是一个老生常谈的话题，但在此时已经有了新的意义。目前，这个行业的法制建设远不及金融业、建筑业等其他支柱行业。这不是说国家不关心这个行业，而是行业本身没有抓住机遇加快法制建设。依据刑法等有关法律规定，判断一部作品是否属于淫秽物品的权力属于公安机关。原信息产业部在《关于准确理解通信法规信息安全条款的批复》也明确指出，“对于电信传输的信息内容本身是否违法，应由公安、安全部门依法认定。”同时，根据《电信条例》、《互联网信息服务管理办法》和国务院有关职责分工的规定，对信息内容的监督管理分别由公安、安全、教育、新闻、出版、卫生、药品监督管理、工商行政管理等部门根据各自职责依法进行；在公共信息服务中，网络服务提供商发现电信网络中传输的信息明显属于色情信息的，应当立即停止传输，保存有关记录，并向国家有关机关报告。可见，对于传播色情信息的管理责任并非只属于网络服务提供商或电信管理机构，而这一责任如何在各部门中加以落实则多年来没有得到很好地解决；法律也没有明确规定，网络服务提供商在无权界定信息内容是否合法的情况下，是否有权“立即停止传输”，是否需要对合作伙伴承担违约责任。类似的法律空白还有很多，电信、互联网行业也经常落入“法律陷阱”，因此，加强行业立法，建立以《电信法》为核心的行业法律体系已经迫在眉睫。

其次，电信、互联网行业应当正视自身存在的问题。网络服务提供商多年来取得了巨大的经济成就，却不断失去良好的社会声誉，究其原因，最根本的就是企业过分追求利润最大化，忽视了自身建设，尤其是指标压力使各部门及员工不得不采取各种手段扩大收入来源，放弃了有效的自律。根据法律规定，国务院信息产业主管部门及各省级电信管理机构“在电信安全管理上也负有一定管理职责”，但在实际工作中，各地电信管理机构由于受到人员编制、经费、技术手段等多种因素制约，往往将主要精力放在增值电信业务经营许可上，无力对各SP、CP的实际经营行为进行有效检查和监督。在缺乏自律和政府的双重约束下，一些头脑过于“活络”的公司为了追求利润而突破道德底线的行为就不会受到追究。可见，行业监管和经营漏洞给色情信息、垃圾短信等违法行为提供了一条缝隙，而这条缝隙需要及时弥合。

再次，电信、互联网行业应当正确看待舆论的批评。多年来，主流媒体经常指责基础电信业务经营者为不法SP、CP提供便利，甚至从其违法所得中获得利益。对于这些指责，基础电信业务经营者觉得很冤枉，因为自己已经采取了多种措施防范有害信息的传播，也尽力约束合作伙伴的行为。大量合法经营的增值服务商也埋怨少数同行成为害群之马，严重损害了行业整体形象。诚然，这些想法有合理的因素，但是没有注意到长期以来舆论引导群众已经形成了对电信业的误解，而报道电信、互联网业的负面消息也成为媒体吸引眼球、增加发行量和点击率的一个重要方式。因此，全行业业应当辨证地看待舆论和群众呼声，客观理性地分析百姓诉求，积极主动地引导舆情走向。

最后，电信、互联网行业应当采取有效的措施。目前，我国电信、互联网行业监管的法律手段十分有限，尤其缺乏相应的处罚机制，主要依据是《电信条例》及原信息产业部制定的部门规章，针对违规企业只能采取 “罚款、停业整顿、吊销营业执照、追究当事人的刑事责任”等几种处罚措施。但是，只要仔细分析这几种处罚手段就不难发现，电信管理机构很难据此实行有效监管，尤其是对基础电信业务经营者的监管：罚款对国有企业能起到的惩罚作用极为有限；对于基础电信业务经营者，用户动辄几百万上千万，停业整顿不仅最终损害国家利益，还将直接影响广大用户的利益和权益；至于吊销营业执照，这和停业整顿一样不具有可操作性；追究当事人的刑事责任是一项最有威胁性的处罚措施，但是能达到这个程度的市场违规行为并不多见，而且在实际工作中，这种行为往往能够大事化小、小事化了。因此，我国必须通过立法等方式丰富电信监管手段，从制度上为有效管理电信、互联网行业提供法律支持和保障。否则，仅凭“群众运动”式的管理方式无法从根本上消除电信、互联网行业的顽疾。

既要解决危机，也要寻求长期发展之路

随着体制改革的不断深化，电信、互联网业的整体素质也在不断提高。当前的危机只是暂时现象，全行业应当从中吸取教训，弥补漏洞，用改革的精神、创新的理念不断推进行业发展。

第一，应当建立对企业和个人的双重惩罚制度。对于基础电信服务提供商而言，目前的处罚措施并不能发挥最大的作用。对增值电信业务经营者来说，即使吊销其许可证，他们也可以改头换面重新进入这个市场。因此，在现有处罚制度的基础上，有必要建立起一套电信业高级从业人员职业资格制度。这一制度有别于目前实行的技能鉴定制度，而是类似于律师、会计等职业资格制度，即为电信业高级管理人员设立一道门槛，主要针对基础电信服务提供商的中高层管理人员和SP、CP的主要负责人，对他们的任职资格、执业规范、惩罚制度进行规范。对于当前的危机，应当及时通过淘汰一批违法公司、网站和接入单位，严厉惩处个别行为人来挽回行业的整体声誉。

第二，电信管理机构需要及时督促各企业拿出切实可行的整改方案和措施，主要包括全面审查各企业与合作伙伴签订的协议，按照合同内容办事，对违法者坚决进行处理；加强对企业员工的法制教育，要求他们注意自觉遵守国家法律法规；通过电视、广播、网络等方式宣传电信业健康向上的积极形象，向社会宣传处理违法行为的进展；在群众中广泛进行调查问卷，通过反馈的信息查找不足，改进工作。

第三，国家应当建立统一的信息监控平台，授权电信管理机构利用这一平台实现调查、清理、屏蔽、证据采集等功能。这样可以避免基础电信服务提供商因没有公权力陷入尴尬境地，也可以使电

信管理机构摆脱被动的监管局面，实现主动出击。

在大数据时代中，人们对数据的信任更加脆弱，因为数据的结论可能随时会被改变——每个人都会再搜集、再分析、再总结原有的数据。所以，从事这个行当企业，必须给人们一个善良、诚实的印象，以对抗可能产生的“数据丑闻”；学会应对危机，不断树立良好形象，才能促进行业持续健康发展。

消除网络服务提供商和消费者之间的误解
——从一起"收取电话费"的事件谈起

目前，中国拥有5.6亿的互联网用户，几乎是美国的两倍；拥有近11亿部手机，是美国的3倍。海量的用户带来海量的数据，但是，与之相伴的网络服务质量实在令人不敢恭维。网络用户申诉受理中心经常收到一些用户的投诉：某些基础电信业务经营者的员工打电话催缴话费，称受绩效考核压力，希望用户能及时交费。这位用户说，自己每月按时交电话费，从不拖欠，对这种近似"骚扰"的催收方式非常不满，认为"电信行业服务不好"，欲进行投诉，并打算终止与该企业的合同——"拆机"。后来，本书作者对这位用户进行了劝说，平息了此事。

这件事情虽然不大，但是折射出一个具有普遍意义的问题，即网络服务提供商与消费者之间存在着严重的误解，导致双方互不信任。在大数据时代，用户的粘合度本来就不高，如何化解这种信任危机，已经成为行业所要面对的重要课题。

一、信息不对称是企业与消费者之间产生误解的根源

在电信和互联网市场中，信息具有十分重要的作用：网络服务提供商可以针对消费者的信息适时推出有针对性的产品，可以根据竞争对手的信息采取相应竞争策略；消费者可以通过网络服务提供商的信息选择适合自己的产品等。然而，在电信和互联网市场中，网络服务提供商和消费者之间存在着信息不对称的问题，即双方有意或无意地隐瞒一些信息，不把所有信息完整、准确地传递给对方，造成对方作出错误的选择。

消费者无法直接获取网络服务提供商的实际运作情况，只能通过其对外展示的形象加以判断，这就为信息传递中的扭曲带来了便利：

（1）广告宣传。网络服务提供商的广告一般有两种，一是信息性广告，一种是说服性广告。前者的目的是向消费者提供产品的特征、价格、功能等，后者是使消费者对某类产品产生偏好，个别企业甚至提供给消费者“虚假信息”。这两种广告往往混杂在一起，主要体现在有关电信资费的宣传上，例如一则广告称“IP长途每分钟0.1元”，给人的感觉是消费者利用IP卡打长途电话只需支付0.1元，而无须支付其他费用，但本地通话费未在广告中体现出来，消费者受到了误导。

（2）质量凭证。网络服务提供商为了赢得消费者青睐，必须通过各种具有说服力的凭证显示自己产品的质量，例如商标，行业评比的成绩、社会组织的认证等。而最为重要的是政府颁发的许可证，因为它具有极高的权威性、可比性和可信性，代表了法律授予的权利。对这些企业而言，《电信条例》中规定的责令停业整顿、

吊销电信业务经营许可证并非可有可无。所以，政府有必要充分运用法律实施有效监管，维护许可证的公信力，使之成为传递企业信息最有效的凭证。

（3）标准化的企业形象。网络服务提供商通过统一的员工着装，统一的店堂装饰、统一的网站形象间接传递了产品和服务的信息，使人产生以专业化、可信赖的感觉。各企业的上述标识大同小异，虽然体现了行业特点，但是同质化现象突出，容易让消费者产生错觉，甚至被认为是一家企业。消费者在批评某个企业个别不佳服务的时候，往往不进行区分，而认为这是行业的通病。

（4）以价格反映质量。网络服务提供商多年来习惯于通过降价来争取“消费者选票”，但往往忽视一个常识：在其他条件不变的前提下，伴随某种商品价格的降低，商品的平均质量在降低，这意味着消费者购买到低质量商品的可能性在加大。消费者判断产品质量的最常用依据是价格，与此相比消费习惯、服务质量等似乎微不足道。因此，消费者随着资费不断下调而得到实惠，同时质疑网络服务提供商的利润空间和实际成本；虽然固定电话的ARPU值已经很低，但是消费者仍然希望取消月租费并进一步降低资费水平。

（5）员工工资。目前互联网上流行“晒工资”的做法，网络服务提供商员工的工资成为众矢之的。关于这些员工高收入、高福利的传闻也时常见诸BBS、博客、微博、微信等网络媒体，呈现“裂变式”传播的形式，并形成一股煽动性很强的舆论。消费者会就此认为网络服务提供商利润丰厚，不会对自己的电话费斤斤计较；在被催收话费的时候，容易产生抵触情绪。

一般而言，广大消费者是在享受优质的电信、互联网产品和服务的时候，愿意接受合理的资费价格，并支付相应的报酬。然而，不能否认的是，个别恶意的消费者利用网络服务提供商疏漏谋取利益，比如在部分城乡结合部地区，有人利用新装固定电话进行长时间通话，然后悄然离开，导致网络服务提供商无法收取费用。少数消费者的不诚信行为，使基础电信业务经营者惴惴不安，采取种种手段进行防范，譬如要求外地人在本地入网时提供额外担保。这种做法增加了消费者的不满，于是后者借助传媒的力量指责基础电信业务经营者存在经营歧视的现象。

网络服务提供商与消费者之间不是一种敌对的关系，而应当合作、共赢，但是信息不对称导致双方存在许多误解。企业的高层领导者一般都能深刻地认识到这个问题，但是与消费者直接打交道的基层员工并不能对此有全面的理解，尤其在“委托—代理”问题存在的时候，他们的利益取向往往不与企业相一致，甚至在个别时候会牺牲企业的长远利益，加剧企业与消费者的误解。

二、网络服务提供商的“委托—代理”问题增加了消费者的误解

只要存在着就业安排，并且在这种安排中一个人的利益取决于另一个人的所为，委托—代理关系就必然存在，这种关系是市场经济条件下最普遍、最基本的经济关系，存在于一切组织、一切合作性活动中，存在于企业的每个管理层级上。所谓委托—代理问题是指委托人和代理人均追求自身的效用最大化，并且两者的效用最大化目标往往是不一致的。

网络服务提供商的基层员工，尤其是聘用制员工，与企业的关系就是一种典型的代理人和委托人的关系。企业希望实现利润最大化，但是考核员工的标准往往简单地以销售收入为准，这就造成了员工会从自身利益出发追求销售收入最大化，这样会极大地提高其声

望、实现个人利益，但容易导致企业出现“增量不增收”的局面。

诚然，广大网络服务提供商员工诚实劳动、合法经营；但是不能排除少数员工为了追求销售收入最大化，对消费者隐瞒事实、虚假承诺、错误宣传，不对格式合同注意事项进行充分提醒，曲解合同本意欺骗消费者。这种问题在代理商与网络服务提供商之间更为明显：特别是一些售卖IP卡的代理商，上门强行推销服务，恶意欺诈消费者，甚至骗取消费者钱财。“代理人”的上述行为不仅损害了企业形象，也破坏了电信、网络行业的整体形象。消费者对此已深恶痛绝，因为无法追究个人责任，转而迁怒于网络服务提供商，从而使双方的误解加深、矛盾加剧。

产生这些问题的原因主要包括企业管理层和员工之间的信息不对称，企业经营条件的不确定性和劳动合同的不完整性。首先，因为监督员工行为的成本不可能为零，网络服务提供商的管理层不能洞察员工所做的一切行为，这就产生了信息不对称的问题。基层员工作为企业的“代理人”，具备生产技能和业务经营上的优势，掌握大量的客户信息，从而形成很多隐蔽的“私人信息”和“私人行为”，在得到企业授权的情况下，可以作出违背企业利益的行为而不为人所知；网络服务提供商和代理商之间也存在类似的问题。其次，无法预见的事件（如野蛮施工造成光缆被砍导致微信失灵）、预见偶发事件成本过高（台风可能造成的灾害），以及在信息上具有非对称性的偶发事件带来的不确定性，使基层员工的努力程度不能得到真实的体现。再次，企业与员工之间的劳动合同不可能是完美无缺的，也就是企业无法完全依靠合同来约束员工的行为；而且在信息不对称和充满不确定性的市场环境中，企业也监督合同实际执行的成本也过高。在这些原因的共同作用下，基层员工有了侵犯企业利益的机会，容易作出违背企业追求目标的行为。

虽然委托—代理制度存在种种弊端，但是它终究比“两权合一”（两权指的是所有权和经营权）的传统企业制度具有无法比拟的优越性。企业自身可以通过公司内部的约束机制等加以制约，但最终无法克服。这就需要政府出面加以协调。

三、政府在消除上述误解中的作用

政府在社会管理中有着无法替代的作用，现代公共管理一般是以经济手段为主，法律、技术、行政方式为辅，解决信息不对称和委托——代理问题的关键在于建立一套有效的激励机制并加以推行，这套机制应当使网络服务提供商、代理商和消费者都能获利，相关各方愿意自觉遵守；对于不遵守制度的主体应当予以惩罚，直至驱逐到市场之外。就此，为了解决网络服务提供商和消费者之间的矛盾，政府至少可以做到以下三点：

第一，建立健全适应现代市场经济的信息消费信用体系。在这方面，我国政府已经做了许多有益的探索，例如中国人民银行和原信息产业部针对商业银行和电信企业共享企业和个人信用信息等有关问题，在2006年发布了《关于商业银行与电信企业共享企业和个人信用信息有关问题的指导意见》，这有利于加快企业和个人征信体系建设，促进银行和电信企业业务发展，提高社会诚信水平。如何在总结经验的基础上逐步向全国推行，如何保障个人信息不被泄露，将是一个需要长时间解决的课题。

第二，推动企业和消费者的交流。网络服务提供商可以做至少两方面的工作：一是邀请网络服务提供商的负责人听取人大代表、政协委员关于电信、互联网服务的意见和建议；因为人民代表、政协委员来自人民，可以反映消费者心声，而且他们整体素质比较高，能够理性地分析各种问题，理解企业的难处，并能向其所联系的群众进行宣传。二是加强“民主评议”行风、新闻通报会等信息公开工作，通过这些手段使广大消费者了解行业真实信息，形成正面舆论，遏制虚假事实传播和蔓延。

第三，深入企业开展普法、依法经营的活动。在市场经济条件下，电信管理机构无权干预企业经营自主权，但是可以凭借自身熟悉法律、政策的优势，广泛地普及法律知识、政策动态；通过这种宣传活动，可以提高网络服务提供商干部职工，尤其是基层员工的法制意识，了解自身的权利义务，避免经营活动中的违法行为。

良性发展“大数据”业务需警惕“网络水军”

大数据时代中，存储的无限化使得数据似乎永远不会被删除：但是，一些所谓“网络公关公司”在互联网上大肆散布广告，声称可以删除在论坛、博客、搜索引擎上对客户不利的信息；每次删帖的价格根据信息所在网站不同而有所区别，从千元到万元不等。一时间，这种删帖行为大行其道，不仅成为当前网络的热门话题，也为互联网行业管理提出了新课题。

一、删帖行为于法无据

很多口碑不佳、信誉较差的企业对于网络公关公司的删帖广告趋之若鹜，而一些资质良好的企业也乐于借此手段消除网络上对自己的污蔑和恶意攻击。他们的抗辩理由基本是，本公司的商誉受到侵害，在没有国家机关保护的情况下，采取自助行为来维护自身权益。

所谓自助行为，是指行为人为了保护自己的权利，在情势紧迫而不能及时请求国家机关保护的情况下，对他人人身自由予以约束或对他人财产进行扣留、损毁的行为。自助行为的成立需要同时具备四个条件：一是必须保护个人的合法权利；二是必须情势紧迫来不及请求公力救济；三是为法律和社会公德所许可，四是事后须立即请求公力救济。比如，饭店可以在客人吃饭后不付款的情况下，扣留客人的财务。

网络公关公司的删帖行为，显然不属于自助行为。这些公司并非保护自身利益，而是为他人提供商业服务；而接受服务的企业，大多从事违法行为，不具有"合法"权益。接受服务的企业即使从事合法业务，也应当在商誉受损的时候，主动寻求合法的公力救济，包括向有关行政机关进行举报，向人民法院提出诉讼等多种方式，这就如同公民被人殴打后应在第一时间报警，而不是找黑社会团伙帮自己报仇。此外，网络公关公司及其服务的企业随意删帖的行为毫无疑问地没有得到公众的广泛接受和认可，而且我国法律并没有对自助行为进行明确规定。可见，这些公司的删帖行为根本没有法律依据。

二、网络公关公司的行为破坏互联网管理秩序

网络公关公司往往在本公司网站首页标明互联网信息服务备案编号，还公开宣称，"做全天候的网络舆情监控，及时提供应对方案"，"与各大门户网站有着良好的合作关系，能够牢牢把握网络信息传播的主动权。在最短的时间内帮助企业屏蔽负面信息，消除影响，澄清事实，继而为企业建立良好的网络口碑"。这些公司虽然利用备案、第三方委托等手段试图为自己披上合法的外衣，但是仍无法掩盖其违反法律的实质。

网络公关公司标明互联网信息服务备案编号的目的在于说明自己具有国家合法授权。然而，这种做法也说明了其网站提供的服务应为非经营性互联网信息服务，因为根据有关法律规定，只有非经

营性互联网信息服务经营者才在网站首页标明备案编号。根据我国《互联网信息服务管理办法》规定，非经营性互联网信息服务是指通过互联网向上网用户无偿提供具有公开性、共享性信息的服务活动。原信息产业部《关于界定互联网信息服务性质的批复》（信部政函【2002】180号）进一步指出，提供这种服务的单位，“目前主要包括各级政府部门的网站；新闻机构的电子版报刊；企业、事业单位、教育、科研机构等各类公益性网站和对本单位产品或业务进行自我宣传的网站等。这些网站不向上网用户收取费用，也不利用互联网站直接进行以营利为目的的商业活动。”网络公关公司的行为显然是一种有偿的、以营利为目的的商业活动，当然不属于非经营性互联网信息服务范畴，更不可能获得经营性互联网信息服务的许可；也就是说，这种行为属于违法行为，严重破坏了互联网管理制度。

网络公关公司自称没有使用“黑客”手段，而是利用和各大门户网站的关系来删除对企业不利的信息，这听上去似乎很合理。但是，通过仔细分析，我们不难发现其中有违法之处。我国宪法明确规定，公民有言论自由。这种权力是对世权，其他公民和组织不能随意干涉。公民在互联网上发布信息，是行使言论自由的一个表现形式，应当依法受到保护。只有经过法律明确授权，有关组织才能对公民在互联网上发布的信息进行审查。《互联网信息服务管理办法》规定，国务院信息产业主管部门和省、自治区、直辖市电信管理机构，依法对互联网信息服务实施监督管理；新闻、出版、教育、卫生、药品监督管理、工商行政管理和公安、国家安全等有关主管部门，在各自职责范围内依法对互联网信息内容实施监督管理；互联网信息服务提供者发现其网站传输的信息明显违法的，应当立即停止传输，保存有关记录，并向国家有关机关报告。显然，网络公关公司并没有获得法律的授权，其运作方式只是通过与经营门户网站、搜索引擎、网络社区等业务的公司里一些人员取得联系，唆使这些人为其随意删除所谓“负面信息”，这不是维护互联网环境的秩序，而是破坏了网络管理制度，更侵犯了公民的言论自由。

三、政府部门应当有所作为

英国思想家弥尔顿在《论出版自由》中提出“言论自由是一切自由之中最重要的自由”，在互联网时代，公民的言论自由得到了巨大的发展空间，但是也受到种种挑战，像网络公关公司的这种随意删除他人言论行为还没有得到有效遏制。政府在保护言论自由的工作中，不仅应有必要的消极不作为，即不干涉合法信息的传播；也有责任积极采取措施，保护公民的基本权力。

首先，国家应当完善法律制度，对互联网主管部门进行充分授权。法律应明确规定电信管理机构作为互联网主管部门，成立专门的网络安全机构，配置相关人员，拨出专门经费，建立专门的技术平台，实现网上调查、网上刺探、网上清扫、网上屏蔽、视（声）频证据采集、电子巡查、电子制止和电子查处，使电信管理机构能在行政区域内实现有效的属地管辖，有效打击侵犯网民合法利益的行为。

其次，电信管理机构应当指导各类网络服务提供商按照国家有关法律、法规的规定，建立健全内部安全保障制度，加强对法律和企业制度的宣贯，严格管理各类雇员，防止因员工个人行为侵犯上网用户的权利；建立必要的信息安全保护技术措施，自觉依法接受国家机关的监督检查，切实保护网民的正当权益。

最后，电信管理机构应当密切与公安、安全、新闻、工商行政管理等部门的联系，相互配合、相互协调，实现在本行政区域内互联网环境的和谐；指导互联网协会等非政府组织组织，通过行业自律、道德规范、正面舆论引导，为维护上网用户的利益作出自己的贡献。

使一个国家变成的东西，恰恰是人们试图将其变成天堂的努力。

——F.荷尔德林

“人肉搜索”是福是祸?

在强大的网络技术面前，每个人就像穿上了“皇帝的新装”，即使有所谓ID、密码的保护，也无法阻挡搜索引擎强大的能力；由于存储设备价格的持续下降和云计算业务的推广，无论上传文字、图片、视频、音频，都会被长久保存；基于云技术的大数据，目前可以打通一切交流平台，不管微博、QQ、微信、电子邮件、语音通话或者短信，使人无所遁形。于是一个课题就摆在人们面前，我们既然一定会被搜索到，那么，这种搜索如何才能获得良好管控?

一、“人肉搜索”是一把双刃剑

所谓的人肉搜索，一般而言，就是广大网民利用互联网强大的信息聚合能力，寻找某个人的基本信息，主要包括个人姓名、照片、工作单位和地址、家庭人员状况、个人电话号码、IP地址、即时通信工具号码及电子邮箱等。每一个人在搜索他人信息的同时，也会被别人搜索。在无限宽阔的网络平台上，“人肉搜索”能在短时间内迅速聚拢人气，形成焦点事件，并将当事人信息公诸于世；从“很黄很暴力”事件到“汶川大地震”后寻找失踪人员，其负面和正面的影响全部都充分体现出来。

在前一个事件中，网民通过“人肉搜索”查到中央电视台所采访女学生的详细信息，放到网上公开并进行“恶搞”，使这名女生遭受巨大精神压力。这显然远远超出了宪法所保护的言论自由范畴，而严重侵害了公民的基本权益。

在“汶川大地震”发生后，由于通信中断，很多人无法在短时间知道震区亲友的情况。于是，一大批网站推出了专门用于寻找亲人的“人肉搜索”引擎。通过这些平台，网民迅速收集了大量急救医院和震区安置点的消息，帮助很多人查询到亲属下落。可见，“人肉搜索”可以通过人际网络的力量，把互联网“开放、互助、分享”的精神发扬光大。

目前，“人肉搜索”更多地是被人不断滥用，其正面作用较少得到发挥，而是充满着怀有个人目的的报复、造谣、辱骂和骚扰，这实在严重侵犯了被搜索者的隐私，干扰其正常生活。有的被搜索者不堪压力，而走上极端的道路，典型的例子就是在2013年8月，英国14岁女孩汉娜·史密斯在经受了数月的网上恐吓侮辱后自杀身亡，这一事件将来自拉脱维亚的社交网站Ask.fm推向了舆论的风口浪尖。

二、“人肉搜索”对隐私权的挑战

隐私一词来自于美国，即英文中的privacy，是从private演化而来的，指与他人无关的私人生活。在我国现行法律中，尚无对隐私的明确定义。从学理上讲，隐私包括一切属于私人的事物和信息，不受他人干涉，体现了一种人格尊严和价值指标，但不一定处于隐蔽状态。

一般认为，隐私权是自然人享有的私人生活安宁与私人信息依法受到保护，不被他人非法干扰、知悉、搜集、利用和公开等行为侵犯的人格权。其主要内容之一就是个人信息不被非法收集、利用和公开。目前形成的原则是，除了官方机构为执行公务、履行司法与行政程序、向社会公众公开官方信息等合法目的而可以在一定范围内，以适当方式收集、利用、公开特定私人信息外，任何个人、营利性机构与组织、非官方的其他机构等，均不得擅自收集、利用及公开他人的私人信息。

大部分“人肉搜索”显然违反了上述原则；众多网民不约而同地搜集、公开某个人的私人信息，并对这些信息肆意歪曲、诋毁，使当事人精神受到严重伤害。但是，这种行为很难受到追究。造成这一现象的主要原因在于：首先，我国没有实行互联网实名制，绝大部分网民采取匿名、隐藏IP地址等方式公布此类信息，使受害者、互联网监管机构很难查找到行为人；其次，信息来源十分广泛，现实生活中金融、房地产、交通、教育、医疗等单位可以获得大量私人信息，在网络世界里网站则通过cookies、用户提交的个人资料等方式了解网民信息，而无孔不入的网络病毒（如木马、蠕虫等）也成为泄露隐私的重要途径；最后，一些网民的情绪不能在现实世界中得到很好发泄，在猎奇心理的作用下，愿意参与网络上的群体性事件，不负责任地发表言论，甚至被别有用心的人利用，形成中伤他人的“网络暴力”。

三、现行法律对隐私权的保护

我国目前尚未把隐私权作为一项独立的人格权在法律上予以

明确界定，而是在保护公民人格、名誉时，间接地保护公民的隐私权。这些规定散见于宪法和一些部门法中。我国宪法规定，“中华人民共和国公民的人格尊严不受侵犯。禁止用任何方法对公民进行侮辱、诽谤和诬告陷害。中华人民共和国公民的通信自由和通信秘密受法律的保护。”《最高人民法院关于贯彻执行〈中华人民共和国民法通则〉若干问题的意见（试行）》第140条规定，“以书面、口头等形式宣扬他人的隐私，或者捏造事实公然丑化他人人格，以及用侮辱、诽谤等方式损害他人名誉，造成一定影响的，应当认定为侵害公民名誉权的行为。以书面、口头等形式诋毁、诽谤法人名誉，给法人造成损害的，应当认定为侵害法人名誉权的行为。”《未成年人保护法》第30条规定，“任何组织和个人不得披露未成年人的个人隐私。”《妇女权益保障法》第39条规定，“妇女的名誉权和人格尊严受法律保护。禁止用侮辱、诽谤、宣扬隐私等方式损害妇女的名誉和人格。”此外，刑事诉讼法、民事诉讼法也规定了涉及公民隐私的案件采取不公开审理的原则。

同时，我国法律也对于互联网这一虚拟空间的隐私权保护作出规定。《全国人民代表大会常务委员会关于维护互联网安全的决定》规定，利用互联网侮辱他人或者捏造事实诽谤他人；非法截获、篡改、删除他人电子邮件或者其他数据资料，侵犯公民通信自由和通信秘密，构成犯罪的，依照刑法有关规定追究刑事责任。《电信条例》规定，任何组织或者个人不得利用电信网从事窃取或者破坏他人信息、损害他人合法权益。《互联网信息服务管理办法》则规定互联网信息服务提供者发现其网站传输的信息明显属于侮辱或者诽谤他人，侵害他人合法权益的，应当立即停止传输，保存有关记录，并向国家有关机关报告。《计算机信息网络国际联网管理暂行规定实施办法》第18条规定，“用户应当服从接入单位的管理，遵守用户守则；不得擅自进入未经许可的计算机系统，篡改他人信息；不得在网络上散发恶意信息，冒用他人名义发出信息，侵犯他人隐私；不得制造、传播计算机病毒及从事其他侵犯网络和他人合法权益的活动。用户有权获得接入单位提供的各项服务；有义务交纳费用。”《计算机信息网络国际联网安全保护管理办法》第7条规定，“任何单位和个人不得违反法律规定，利用国际联网侵犯用户的通信自由和通信秘密。”

这些规定虽然在网络上保护公民隐私权提供了一定法律依据，但是没有突破传统法律被动保护隐私权的模式，未赋予权利人积极保护个人权利的方法。有的规定原则性较强，在实践中不易操作。因此，加快制度建设，为保护公民网络隐私权提供一整套有效的解决方案已经成为当务之急。

四、有效监管“人肉搜索”，保护公民隐私

第一，在未来的电信法中明确限制互联网信息服务提供者对公民私人信息的收集行为，禁止收集与网络服务无关的信息；要求其在网站显著位置张贴隐私保护政策，方便群众监督；禁止各种转让、传播、滥用私人信息的行为。

第二，建立并推广互联网上网实名制，赋予互联网主管部门保护公民隐私权的职责；加大对“人肉搜索”等侵犯隐私权行为的行政惩罚力度，提高行为人的违法成本，对于非法搜集、利用、公开他人信息，并造成严重后果的行为予以坚决打击。

第三，有关部门应通过宣传、教育等手段，不断提高民众法制意识，自觉抵制不良网络信息，不参与恶意的“人肉搜索”活动；促进网民增强自我保护意识，主动了解各网站隐私保护政策，拒绝非法

搜集个人信息的行为，不接受匿名电子邮件，及时删除上网痕迹。

总之，“人肉搜索”需要在合法、尊重他人隐私的前提下来进行。政府部门有责任对其加以正确引导，并及时制止不良的网络舆情动向，从而为广大网民创造一个干净、健康的互联网环境。

从“中国博客第一案”看实施互联网实名制

在上文中，我们提到了网络实名制的问题。在大数据时代，我们几乎就是“透明人”，因为个人信息随时会被搜索到；企业则更关心通过数据分析带来的商机和利润。有鉴于此，我们必须学会保护自己的权益，政府则须提供为人们维权提供便利，但是现实情况远非如此。

2006年8月3日,备受关注的“中国博客第一案”在南京落槌。南京市中级人民法院终审判决杭州博客信息技术有限公司向南京大学新闻传播学院副教授陈堂发赔礼道歉，并赔偿经济损失。然而，本案中真正侵权者—— “博客”用户“K007”始终没有露面，更未受到追究，于是互联网实名制又成为万众瞩目的焦点。

一、“中国博客第一案”带来的启示

中国博客网用户“K007”在自己名曰“长套袜”的博客上，匿名刊发了一篇《烂人烂教材》的网络日志，指名道姓地辱骂陈堂发“是猥琐人”、“简直就是流氓”。当陈堂发无意间发现这篇博客日志后，他致电中国博客网要求删帖，但双方交涉未果，最终引发诉讼。法院审理认为，这篇博客日志中的言辞具有在通常人看来明显具有侮辱性质，因存在侮辱原告的内容而构成有害信息。“中国博客网”在接到陈堂发电话通知后，没有在合理的时间内采取措施，停止有害信息的传播，未尽到“善良管理人”的注意义务，应承担相应的法律责任。因此，法院最终判决“中国博客网”的主办单位杭州博客信息技术有限公司在该网站首页向原告陈堂发刊登致歉声明并保留10日；赔偿原告经济损失1 000元。

本案涉及被侵权人（陈堂发）、侵权人（博客用户“K007”）和互联网信息服务提供者（杭州博客信息技术有限公司）三方当事人。陈教授认为博客用户“K007”是他的学生，对其不予起诉，是行使民事诉讼中原告有自由选择被告的权利；法院贯彻当事人主义，不会主动追缴被告。但是，从大量网上言论侵犯名誉权的判例来看，“谁发言谁负责”已经成为共识，言论发布者应当对其言论给他人造成的损害承担责任。因此，找到真正的侵权人，并追究其法律责任才是遏制网络恶意言论的良策。但是，“博客”等互联网信息服务的匿名性令被侵权人无法得知侵权人的真实身份，根本无法寻求司法救济，法律就可能成为一张“空头支票”。所以，实施互联网实名制为确定侵权人提供了有效途径。

二、以“博客”实名制带动互联网实名制的推行

我国目前有十多个互联网管理部门，几十部法律、法规、规章和其他规范性文件来规制互联网，这在世界范围内也不多见。充分理解、利用现有各项制度，并加以细化，可以为推行互联网实名制提供法律支持。根据《电信条例》第六十三条的规定，使用电信网络传输信息的内容及其后果由上网用户负责。《互联网信息服务管

理办法》、《非经营性互联网信息服务备案管理办法》也要求从事互联网接入服务提供者应当记录上网用户的上网时间、用户账号、互联网地址或者域名、主叫电话号码等信息。《互联网电子公告服务管理规定》明确规定电子公告服务安全保障措施应当包括上网用户登记程序、上网用户信息安全管理制度。可见，我国现行法律原则上允许实行互联网实名制。

所谓互联网实名制，是“指在网络上发帖、跟帖以及上传照片和动态影像时需要确认居民身份证和本人真名的制度” 。从国外的实践情况来看，互联网实名制有4种形式可以选择：一是纯粹的互联网实名制，即从加入会员到论坛发帖等所有步骤都需要进行实名确认；二是互联网留言板实名确认制，即只有通过登录和本人确认手续的会员才能在论坛上发帖；三是互联网留言板实名制，即在发帖的同时标注网上昵称和真实姓名；四是实名留言板优待制，即对实行互联网实名制的网站给予优惠政策。从目前中国的现实情况看，可以将推行“博客”实名制为先导，逐步推广，最终可以完全实现互联网实名制。

“博客”一词源自英文中的Blog，是Web（万维网）和Log（日志）的组合词Weblog的简称；“博客”是Web2.0时代的标志之一，它作为一种十分简易的傻瓜化个人信息发布方式，使任何人都可以像免费电子邮件的注册、写作和发送一样，十分容易地完成个人网页的创建、发布和更新。但是，一直以来，如何具体适用法律来管理博客这一互联网形式尚无定论。有的专家把它归入BBS一类。在他们看来，虽然博客的作者是特定的一个人，不像BBS的作者那样多，但是，博客日志一旦公开在网络上，就可以被其他人所阅读和评论，这基本上符合BBS的特点，可以适用于国家对BBS的管理规定。有的专家认为根据博客系统、空间提供者的不同可以分为专门性网站下属的博客、综合性网站下属的博客和独立的博客，这三种博客都是“以创造、传播相关信息为主要手段。它通过自己创作作品或选择、编辑他人作品，将其定期或不定期上载到自己的页面，向公众提供信息服务，属于网络信息传播者之一。即：博客用户只要创作、发布、采集、或传播相关信息，其网络地位及作用就类似于拥有独立域名的网站，属于“ICP”，应当按照《互联网信息服务管理办法》和《非经营性互联网信息服务备案管理办法》等规范性文件的要求进行备案。

由此可见，上述观点都把利用电子公告发布信息作为博客的本质特征，而这种行为完全符合《互联网电子公告服务管理规定》的界定。所谓“电子公告服务”，“是指在互联网上以电子布告牌、电子白板、电子论坛、网络聊天室、留言板等交互形式为上网用户提供信息发布条件的行为。”凡在我国境内“开展电子公告服务和利用电子公告发布信息”都应当遵守此项规定：电子公告服务提供者开展电子公告服务应当有上网用户登记程序等安全保障措施；上网用户使用电子公告服务系统，应当遵守法律、法规，并对所发布的信息负责。因此，依据这个规定，实施博客实名制，乃至互联网实名制都已经是顺理成章的事情了。

需要特别指出的是，虽然有人指责互联网实名制会限制言论自由、侵犯隐私，但是，正如权威专家所说，“过去对个人隐私的认识有绝对化趋向，但现在不仅中国，全世界都认识到，需要在个人隐私和公众及国家利益间达成平衡，而不是把个人隐私绝对化”。我国正在探讨和尝试的是有限实名制，即当一个上网用户要到网站注册账号时，需提交身份证和真实姓名等信息；而在前台，用户可以使用自己喜欢的名称，而不是真实姓名。上网用户如果没有违法，真实姓名属于隐私；而一旦触犯了法律，隐私将不能再成为隐私，会受到监管。这样做有利于网民相关权利的行使与保护，使其不受其他上网用户的恶意侵犯；如果上网用户遵守法律，谁也无法干涉其合理合法使用互联网的权利。

网络实名制有助于网络服务提供者分散法律风险

开展博客、微博等业务的网站对实名制的态度显得有些暧昧，一方面对政府的政策指令需要贯彻落实，另一方面又怕得罪能够带来人气的“意见领袖”。经济学的常识告诉我们，任何企业要生存，必须赢得消费者选票，网络服务提供者当然也不能例外。他们在获取网络用户所给予的关注和支付的费用同时，也要在一定程度上承担起保护网络用户权益的义务。在这个方面，《侵权责任法》就明确规定，“网络用户利用网络服务实施侵权行为的，被侵权人有权通知网络服务提供者采取删除、屏蔽、断开链接等必要措施。网络服务提供者接到通知后未及时采取必要措施的，对损害的扩大部分与该网络用户承担连带责任。网络服务提供者知道网络用户利用其网络服务侵害他人民事权益，未采取必要措施的，与该网络用户承担连带责任。”

网络服务提供商虽然可以利用法条中隐含的“避风港”规则——接到被侵权人通知后或知道网络用户利用其微博侵害他人民事权益时及时采取删除、屏蔽、断开链接等必要措施——来免除部分责任，但是，仍无法回避一个局面：被侵权人在无法确定侵权人（网络用户）的情况下，只能以网络服务提供商作为被告，要求其承担连带责任。网络服务提供商若不能了解侵权人具体身份，则会陷入无尽的诉讼泥潭。

网络实名制的作用恰恰在于，网络服务提供商只要能够帮助被侵权人确定侵权人身份，并提供证据证明自己已经采取“必要措施”，则可以从官司中脱身出来。

三、实施互联网实名制需要注意的事项

（一）上网用户实名认证问题

实施互联网实名制的过程中，首当其冲的是如何有效进行上网用户实名认证。目前我国网民已经超过1亿人，全面实行实名制难度大，给网站造成经济上的负担，而且容易流于形式。因此，各互联网监管部门需要通力合作，充分论证，详细规划，从技术、经济、人力资源上予以有力保障，制订切实可行的工作流程，稳步推进；同时在上网用户中进行大规模的宣传教育活动，使广大网民认识到实行互联网实名制的重要意义，并给各互联网信息服务提供者提供必要的指导、帮助与监督。

互联网信息服务提供者在收集上网用户个人信息的过程中，需要作到以下三个方面：第一，必须向上网用户作出明确、充分的说明，取得其同意，由其自愿提供信息；第二，必须经过有权机关的批准，自觉接受批准机关的监督，不能滥用这些信息；第三，制订统一、规范的互联网“注册制度协议”和“上网用户个人信息保护协议”，明确用户个人信息的归属、保护、责任承担等问题。

（二）互联网上网用户的个人信息安全问题

互联网实名制的出发点之一就是为了更好地维护上网用户合法权利，但是，目前我国没有出台《个人信息保护法》，如何有效保护个人信息成为一道难题。笔者建议，首先，应当强制规定互联网信息服务提供者不能为了商业利益而泄露用户的个人信息，对于被侵权人提出获得侵权人个人信息的要求负有严格审查义务，其次，

互联网信息服务提供者应当按照法律规定，采取有效网站安全保障措施，主要包括网络安全技术保障、网页公示限制保障和防止蠕虫抓取保障等，并在网站的设计、建设和运行中作到同步规划、同步建设、同步运行。再次，互联网信息服务提供者应当采取信息安全保密管理制度和用户信息安全管理制度，对容易造成泄密的通信方式，应当主动向用户申明或提醒用户注意；对本企业职工进行保密教育，要求职工遵守职业道德，不利用网络为自己和他人实现盗用服务。最后，除因国家安全或者追查刑事犯罪的需要，由公安机关、国家安全机关或者人民检察院依照法律规定的程序对上网用户的个人信息进行检查外，任何组织或者个人不得以任何理由对这些信息进行检查。

网络实名制，是网络管理的最基础一环，是数据采集的真实性的重要保证。在现实生活中，数据也往往容易成为一个任人打扮的“婢女”，质量不高、错误百出、公信力不足，即使采集众多的数据也无法得到恰当的结论。如果没有类似网络实名制等制度的保障，则大数据的价值无从谈起。可见，推行网络实名制，是必然趋势和产业进步的加速器。

移动通信转售业务应避免SP悲剧

谷歌、脸谱等业务的推广，是在相对宽松的市场监管政策中实现的，随之而来的大数据应用则层出不穷；与之相比，我国的电信和互联网市场管理仍然比较严格。好在2013年工业和信息化部公布了《移动通信转售业务试点方案》，这是电信业全面向民间资本敞开大门的一次有益探索。但是，和曾经火爆的SP业务相比，移动通信转售业务能否为信息通信产业带来新的增长点、为网络用户提供可靠保质的服务、避免上述行业的“厄运”，是值得深入探讨和研究的,而有效监管是促进行业健康、可持续发展的重要保障。

监管工作应从保障用户信息安全入手

2012年底第十一届全国人民代表大会常务委员会第三十次会议通过《全国人民代表大会常务委员会关于加强网络信息保护的决定》（以下简称《决定》），《决定》明确指出用户在办理固定电话、移动电话等入网手续时，应当向网络服务提供者提供真实身份信息。于是，移动通信转售企业就有权和基础电信业务经营者一样通过正当、合法的渠道获得网络用户信息，因而也应当依法在业务活动中对收集的公民个人电子信息严格保密，“不得泄露、篡改、毁损，不得出售或者非法向他人提供”。

移动通信转售企业不自建无线网、核心网、传输网等移动通信网络基础设施，仅仅建立客服系统，业务管理平台，计费、营账等业务支撑系统；这实际上存在着一定的技术风险和隐患——国内外的黑客已经把攻击电信业务服务提供者的上述系统作为一项产业来开发。根据《决定》，移动通信转售企业应当采取技术措施和其他必要措施，确保信息安全，防止在业务活动中收集的公民个人电子信息泄露、毁损、丢失。

电信管理机构也应依法保护能够识别公民个人身份和涉及公民个人隐私的电子信息，一方面组织建立健全全国和区域性的通信网络安全防护体系，制定通信行业相关标准；另一方面，对这些企业的网络安全防护工作进行指导、协调和检查。电信管理机构应当要求移动通信转售企业新建、改建、扩建相关通信网络工程项目时同步建设通信网络安全保障设施，并与主体工程同时进行验收和投入运行，对于有关安保设施；组织第三方技术机构对这些企业的通信网络安全保障设施、客服系统、业务管理平台、业务支撑等系统进行必要的风险评估；还应要求这些企业在发生或者可能发生信息泄露、毁损、丢失的情况时，立即采取补救措施，并及时向电信管理机构报告。电信管理机构自身也应当在职权范围内依法履行职责，采取技术措施，建立健全技术手段，对移动通信转售企业的各种系统进行必要技术监督和支持，能够对企业或用户的违法行为进行必要取证。

维护用户权益才能使产业长久发展

曾几何时，SP在市场上大展手脚，盈利令人咋舌，但是由于部分害群之马的违法行为导致用户对全行业失去信心，最终整个SP行业营收、利润普遍下滑，很多企业被市场淘汰，剩下的企业只能苟延残喘。

为了移动通信转售业务试点成功并能够发展起来，各级电信管理机构应当根据《中华人民共和国电信条例》、《互联网信息服务管理办法》、《电信服务规范》等从一开始就对有关企业的行为进行有效规范，严厉打击恶意侵害用户利益的违规行为。尤其针对曾经广泛存在的群发短信诱骗消费、不明扣费、未明码标价、不良信息内容、虚假宣传等五类社会反映强烈的问题，电信管理机构应当未雨绸缪，尽快制订有关实施细则：一是建立违规行为发现机制，不定期组织对移动通信转售业务进行检查；二是建立移动通信转售消费提醒机制，不定期发布电信服务消费提醒；三是建立企业违规信息通报制度，定期通报违规信息服务企业信息；四是建立违规企业处理机制，协调各相关基础电信企业对于违法的转售业务企业停止结算、停止业务、关闭端口和业务下线等处理；五是密切跟踪市场情况，加强对市场中新出现问题的研究工作，及时补充和完善相关监管政策。

建立健全服务保证金制度切实保障用户权益实现

早在信息产业部成立之初制定的《电信服务质量监督管理暂行办法》就明确规定，电信业务经营者应当按规定向网络用户申诉受理中心交纳服务质量保证金。《电信服务规范》也规定，通信管理局可以根据本地实际情况，对服务质量指标进行局部调整或补充。随着移动通信转售业务试点的开展，各级各地电信管理部门应当把这一制度真正建立起来。

《移动通信转售业务试点方案》中规定转售企业在出具长期服

务保障措施证明的前提下，可采用预付费方式开展业务，并且能向用户预收1年的服务费用。电信管理机构可以将这笔费用作为服务保证金暂时保管在一个特定账户：如果该企业在一年内没有投诉，则可以将该费用全额交给企业；如果该企业被用户投诉，且在电信管理机构所属申诉受理中心处理，则可以依法进行必要的扣除后交给企业，或者作为预先赔偿金返还用户。

电信管理机构可以通过对转售企业进行信用评级、服务质量监督和投诉量来制定收取服务质量保证金的标准。对于信用等级高、服务好、用户投诉少的企业，可以减免部分保证金；而对于信用等级低、服务差、用户投诉多的企业，则需足额，甚至加收保证金，必要时可以取消转售业务资格。

移动通信转售业务试点能否成功，是为大数据业务模式进行探索，关键在于市场是否认可，也就是能否取得足够的“消费者选票”。电信管理机构没有必要冲锋在前，而是以“裁判员”或者“守夜人”的角色出现，防范和处置违法行为，维护处于弱势地位的网络用户的利益，从而推动试点工作健康、有序进行，进而促进信息通信产业的进一步发展。

提高服务质量，避免“双倍返还”

从技术发展趋势来看，大数据紧扣物联网、网络社交通信、多媒体等信息产生工具海量出现的大背景，解决了求解信息资源爆炸性增长难题的技术手段问题，因而受到人们的高度关注和热切期待。大量数据集中在一地，那么将有机会利用这些数据来达到提高收益的目的。随着数据量滚雪球般增加，也出现了利用这些数据增值的机会。这对企业来说具有革命性的意义，它让企业更多地了解自己的客户，为他们提供更多的服务，随之而来的即是服务质量问题。

一般而言，信息消费业务收取费用是通过时长和流量两种方式计算，无论哪种方式都存在有误差可能。近年来，部分基础电信业务经营者推出“话费误差，双倍返还”的承诺，即对已向网络用户错收的话费，在规定时间内由基础电信业务经营者将已收话费减去应收话费的正差额双倍返还给客户。其具体项目大致包括：错收的超短、超长话单；不该收费的语音提示；未按业务办理单据中客户选择的业务资费标准收费；错收的边界漫游话费；错收的短信信息费。

然而在实际操作中，基于对电信专业知识缺乏了解等原因，一些消费者往往会为了几元或者几十元的话费误差“穷追不舍”：先到营业厅咨询，解决不了的去消协投诉，实在不行就请律师打官司。即便如此，最后能拿回来的，也只是多收的那部分话费；消费者反而要投入大量的金钱与精力，往往得不偿失，也会对电信运营商产生误解。

为了防范类似纠纷的发生，网络业务经营者在经营过程中应特别注意以下几点：

（一）电信业务经营者经网络用户要求，必须提供免费的话费清单，不得拒绝，否则不但要承担民事责任，还将承担行政责任。

《消费者权益保护法》第八条规定，“消费者享有知悉其购买、使用的商品或者接受的服务的真实情况的权利。消费者有权根据商品或者服务的不同情况，要求经营者提供商品的价格、产地、生产者、用途、性能、规格、等级、主要成分、生产日期、有效期限、检验合格证明、使用方法说明书、售后服务，或者服务的内容、规格、费用等有关情况。”网络用户作为消费者，当然享有该法所创设的这项知情权，即对于业务种类、费用等与电信服务相关的情况可以要求电信业务经营者予以提供、说明，主要表现在有权要求电信业务经营者提供话费清单。对此，《电信条例》第三十四条规定：“电信业务经营者应当为网络用户交费和查询提供方便。网络用户要求提供国内长途通信、国际通信、移动通信和信息服务等收费清单的，电信业务经营者应当免费提供。”电信运营商如果违反此规定，将承担民事责任。

关于行政责任，《电信条例》第七十四条中特别规定：“违反本条例第三十四条第一款、第四十条第二款的规定，电信业务经营者拒绝免费为网络用户提供国内长途通信、国际通信、移动通信和信息服务等收费清单，或者网络用户对交纳本地电话费用有异议并提出要求时，拒绝为网络用户免费提供本地电话收费依据的，由省、自治区、直辖市电信管理机构责令改正，并向网络用户赔礼道歉；拒不改正并赔礼道歉的，处以警告，并处5 000元以上5万元以下的罚款。”

（二）电信业务经营者提供的收费清单必须是准确无误的，不得有前后矛盾、主叫方话费单与被叫方话费单相互矛盾以及不同营业所提供的话费单相互矛盾等情况；并且在网络用户对话费有异议时，采取必要措施协助用户查找原因。

《消费者权益保护法》第十条规定，“消费者享有公平交易的权利。消费者在购买商品或者接受服务时，有权获得质量保障、价格合理、计量正确等公平交易条件，有权拒绝经营者的强制交易行为。”网络用户同样享有公平交易的权利，有权要求电信业务经营者的计时计费准确无误。当网络用户对电信业务经营者的计时计费的准确性产生合理怀疑时,当然有权要求电信业务经营者提供其计时计费准确无误的证明。对此，《电信条例》第四十条第二款规定：“网络用户对交纳本地电话费用有异议的，电信业务经营者还应当应网络用户的要求免费提供本地电话收费依据，并有义务采取必要措施协助网络用户查找原因。”

此外，电信运营商还需要发挥创新精神，提高技术水平，改进计时计费系统，保证计费数据采集工作、差错检验、格式转换、批价等环节准确无误。

（三）计费原始数据（包括原始话费数据和点到点消息业务详单原始数据等）的保存要符合法定期限。

《电信服务质量监督管理暂行办法》第十七条规定：“用户要

求查询通信费用时，在计费原始数据保存期限内，电信业务经营者应提供查询方便，做好解释工作。在与用户发生争议、尚未解决的情况下，电信业务经营者应负责保存相关原始资料。计费原始数据保存期限为5个月。”

《电信服务规范》第十四条规定：“电信业务经营者在电信服务方面与用户发生纠纷的，在纠纷解决前，应当保存相关原始资料”。在附录中，“固定网本地及国内长途电话业务的服务质量指标”规定，“电信业务经营者应根据用户的需要，免费向用户提供长途话费详细清单查询。原始话费数据保留期限至少5个月。”“数字蜂窝移动通信业务的服务质量指标”规定，“电信业务经营者应根据用户的需要，免费向用户提供移动话费详细清单（含预付费业务）查询。移动电话原始话费数据及点到点短消息业务收费详单原始数据保留期限至少为5个月”。

（四）电信业务经营者要为网络用户查询话费提供方便，这里所称的“提供方便”包括：提供语音查询；同一地区的各个营业场所都能够为网络用户提供收费清单；营业场所的营业人员在现场为用户提供必要的指导和帮助等。

《电信服务规范》第九条规定，“电信业务经营者应当执行国家电信资费管理的有关规定，明码标价，并采取有效措施，为用户交费和查询费用提供方便。”

无论哪种业务，大数据的最终体验者都是用户（消费者）。消费者认可与否，关系到业务的生死存亡。如果在计费环节出了问题，那么用户的认可度必然下降；大数据的概念中不要求准确，但不能否定用户要求准确收费的权利。一家企业，要想在信息消费领域有所作为，必须把服务质量提高上去，特别是准确计费，让用户明明白白消费。

相关链接：

2003年，G省一网络用户张某无故被某电信运营商多收4.6元话费，遂到营业大厅要求营业员打印话费详单，之后与该电信运营商对簿公堂，要求其说明错扣费的原因，并按照承诺予以“双倍返还”。该电信运营商表示只能提供话费详单，拒绝进一步说明收费依据，不同意“双倍返还”。法庭审理认为，被告（某电信运营商）对原告（张某）多收取的话费，应依法予以双倍返还。因此判令被告双倍返还多收原告的费用共计9.2元，并支付原告查询话费档案的费用74元。此外，案件受理费等有关费用由过错方被告承担。

基站建设呼唤强化社会管理职能

在第一部分的最后一篇，我们探讨了通信基础设施作为基础数据的重要意义。但是，一些基础电信业务运营企业的员工抱怨，移动通信基站选址和施工遭到所在地居民的反对而无法顺利进行。一些小区业主在抱怨信号不佳的同时，另一些业主却千方百计地阻止基础电信业务经营者在自己的小区建设基站：有的人与工作人员发生冲突，有的人破坏已经安装完毕的通信配套设施，有的人则向法院提出诉讼……可见，基础电信业务经营者与社会公众存在一定对立现象，这就需要电信管理机构在搞好行业监管的同时，积极向社会管理的职能拓展，采取一定措施将上述现象予以解决。

一、规范冲突导致尴尬局面

《物权法》规定，“不动产权利人不得违反国家规定弃置固体废物，排放大气污染物、水污染物、噪声、光、电磁波辐射等有害物质”。这就为小区业主们以环保为由阻止基站建设提供了一定的法律依据。该法和《物业管理条例》都规定，改建、重建建筑物及其附属设施，由业主共同决定，这也为基础电信业务经营者进驻小区建设基站增加了难度。

但是，《物权法》也规定，“不动产权利人因建造、修缮建筑物以及铺设电线、电缆、水管、暖气和燃气管线等必须利用相邻土地、建筑物的，该土地、建筑物的权利人应当提供必要的便利”。而《电信条例》也赋予了基础电信业务经营者建基站的权利，即“基础电信业务经营者可以在民用建筑物上附挂电信线路或者设置小型天线、移动通信基站等公用电信设施”。

双方都有着充足的依据，法律位阶也旗鼓相当，彼此之间很难说服，互不让步，从而导致了移动通信基站建设受阻的局面。基站建在哪里成了一个大难题。

二、通信建设的外部性需要政府治理

移动通信基站无法进驻部分小区不仅是一个法律问题，更重要的是，体现了经济学意义上的外部性。所谓外部性是指，当一方的经济活动对另一方产生影响时，没有支付补偿的情况。也可以说，外部性是一个经济主体的行为对另一个经济主体的福利产生的效果，其实质是行为主体（个人或企业）没有承担其行为所带来的全部后果。

在移动通信基站建设的问题上，《电信条例》明确规定，基础电信业务经营者应当在施工前通知建筑物产权人或者使用人，并按照省、自治区、直辖市人民政府规定的标准向该建筑物的产权人或者其他权利人支付使用费。但是在现实的建设活动中，基础电信业务经营者虽然能够注意通过广播、电视、报纸、短信等多种方式事先向小区业主告知施工情况，但是很少向小区业主支付使用费，这就引发后者更强烈的不满情绪。在这种情况下，企业和个人已经无力解决这些矛盾，必须借助政府的力量。

三、从行业监管到社会管理

党的十七大报告明确提出，“健全政府职责体系，完善公共服务体系，推行电子政务，强化社会管理和公共服务”。电信业发展到当今时代，形势发生了很大变化，尤其是在十七大提出了许多崭新的课题后，应重新定位监管工作。以前电信监管侧重于行业内部，以协调、处理基础电信业务经营者之间的关系为主；现在，我们有必要将监管工作放在经济社会发展的大局中去考虑，在大局中确定自己的历史方位。从政府职能转变的角度看，在搞好市场监管的基础上，要积极向社会管理、公共服务等方面的职能拓展，创造性地开展工作。

首先，应当帮助基础电信业务经营者转变观念，树立培养良好客户关系的意识。从经济学原理上讲，任何企业存在，必须完成的基本职能之一就是造就顾客。顾客是企业的基础，是企业赖以生存的理由。对于现在的企业来说，顾客的满意和成功是企业效益的唯一源泉。企业在市场中获取所需的要素组合，例如原料资料、人力资源、技术、资本、信息等都可以被竞争对手效仿或复制。但是，良好的客户资源和客户关系管理（CRM）是竞争对手模仿不了的。企业只有致力于巩固已有客户群，赢得新客户，建立长期的客户关系，为顾客提供比竞争对手更好的服务，增强客户的满意度和忠诚度，才能造就自己日益增长的客户群，才能在市场竞争中求得生存和发展。对于基础电信业务经营者而言，小区业主大致可分为两类人，一是已经成为本企业客户的人，一是可能成为本企业客户的人——潜在客户。无论哪类人，即使他们今天反对基础电信业务经营者建设移动通信基站，也不能说明他们永远不会成为网络用户。因此，企业不仅不能把他们视为对手，而且应当想方设法在他们面前树立良好的企业形象，取得他们的信任，并获得“消费者选票”。

其次，加强立法工作，进一步细化电信建设的规范。笔者建议，在电信法中应明确规定，第一，公用电信设施属于国家公共基础设施；建设民用建筑的，应当根据国家有关标准在建筑规划用地内配套建设通信管线、移动通信基站和通信线路交接间等公共电信配套设施。第二，基础电信业务经营者有权在电信业务经营许可的范围内投资建设和经营电信设施；任何组织和个人不得阻碍基础电信业务经营者依法进行电信设施建设，不得危害电信设施的安全。第三，电信业务经营者建设和维护电信设施，可以使用民用设施、公共场所和公共设施。但是，应当事先通知民用设施、公共场所和公共设施的所有者或者管理者，并且不得妨碍民用设施、公共场所和公共设施的正常使用；使用他人财产造成损害的，应当赔偿他人的损失。

第三，加大电信建设的宣传力度，消除小区业主的误解。国家环保总局和信息产业部已联合制定《移动通信基站电磁辐射环境监测方法》。在此基础上，电信管理机构应当加强与其他政府部门、新闻媒体等机构的联系，利用季度通报会、人大代表政协委员座谈会、公益广告、互联网等多种形式，在群众中广泛开展宣传活动，消除不完全了解电磁辐射问题的普通居民产生的恐慌心理。此外，还要积极宣传保护公共电信设施的重要意义，配合公安司法机关严厉打击故意破坏公用电信设施的行为。

第三部分

“大数据”时代的行业监管发挥最大效能

“向左走，向右走？”
——浅谈地方电信管理机构的职能与角色定位

随着2013年“8·8”断网事故的爆发，网络信息安全再次成为民众热议的话题。人们在谴责肇事者的违法行为时，习惯性地把目光集中在国家级骨干网络的安全，而忽视了事发省份如何及时应对此类问题。于是，作为互联网行业管理部门，地方电信管理机构如何履行职责，配合本地政府及其组成部门，组织社会公众、企业搞好区域网络信息安全，就成为一个新的课题。

一、维护区域网络信息安全需要政府各部门依法履行职能

从技术角度看，电信网、互联网都可以从物理上或逻辑上进行分割，比如，电信网可以划分成若干本地网，互联网可以分成若干局域网、广域网、城域网等，这样可以在某个区域中相对独立的存在。目前，全国的网络信息安全形势依然严峻，网络病毒、有害信息和违法犯罪行为等现象在各地长期存在，但是，由于经济、科技

等原因的影响，各地电信网、互联网发展水平并不均衡，在特定区域内的网络信息安全问题也有所不同：有的地方互联网安全事件比较突出，有的地方谣言、恐怖信息通过网络对群众造成不良影响。因此，所谓“区域网络信息安全”就是指，在相对独立或某些特定区域内，电信网、互联网的网络安全和信息安全。维护区域网络信息安全，就需要各地有关政府部门在法律范围内依职权发挥其应有的作用。

一般而言，政府的职能，是由国家行政机关依法对国家和社会公共事务进行管理时应承担的职责和所具有的功能。政府职能的主要内容包括政治职能、经济职能、文化职能和社会职能。这四个基本职能必须履行，而且不能偏废，尤其在市场经济条件下，政府应保持社会稳定，实现社会与经济协调发展。按照现代公共管理理论，政府的职能由组成政府的各部门分别行使，各司其职，相互配合。在区域网络信息安全领域，电信管理机构的职责在于认真履行中央赋予的互联网行业管理职责，按照“积极发展、加强管理、趋利避害、为我所用”的方针，坚持“两手抓”，发展与管理并重，在加快互联网等信息网络发展的同时，采取有效措施，推进形成法律规范、行政监管、行业自律、技术保障的工作格局。各地新闻、出版、教育、卫生、药品监督管理、工商行政管理和公安、国家安全等有关主管部门，则需要按照《刑法》、《全国人民代表大会常务委员会关于维护互联网安全的决定》、《电信条例》、《互联网信息服务管理办法》等法律法规的要求，在自己的法定职权范围内，作好审批、查处、宣传等工作，积极应对危害本地网络安全和信息安全的各种情况。

二、地方电信管理机构应丰富管理手段

各地电信管理机构为履行上述职能做了大量的工作，在法律、法规、部门规章的指导下，通过网站备案管理等措施不断夯实互联网管理的基础，积极实现与相关部门的资源共享；持续深入开展“阳光绿色网络”工程，加强对有害不良信息、恶意软件等的整治，着力营造良好的网络环境；积极推进文明办网、文明上网，加强绿色上网软件的推广应用，引导、推动红色健康短信息推广等活动。不仅如此，其他政府部门也做出了自己的努力，例如建立舆情分析机制，网吧巡视制度、网络有害信息举报制度，积极开展打击网络淫秽色情、欺诈、赌博等网络犯罪行为的专项行动。这些措施涵盖了行政手段、经济手段、法律手段等，是传统的实现政府职能的手段，体现了行政法律关系中强制性、垂直性、无偿性等特点，能在一定时期内发挥作用；但是面对纷繁复杂的网络世界，有时难以达到预期效果，甚至引起一些不明真相的群众的不满和抵触。

因此，为了有效的管理电信网和互联网，有关政府部门，特别是地方电信管理机构应当在完善传统管理手段的同时，借鉴其他行业监管机构的经验，增加窗口指导、诫勉谈话、和信息报告等方式，提高管理效能。

“窗口指导”是一种劝谕式监管手段，指行政机关向相对人解释说明相关政策意图，提出指导性意见，或者根据监管信息向相对人提示风险。实践证明，这是一种成本低、传导快，意图明确、效果明显的监管方式。地方电信管理机构可以凭借其专业知识和权威性，通过广播、电视、互联网等传媒工具，利用生动活泼的方式，向社会公众诠释国家有关网络信息安全的法律法规和政策意图，提供宏观层面的管理信息；也可以通过分发宣传册，举办报告会等形

式，深入社区、学校、企事业单位进行宣传。

“诫勉谈话”，是指相对人经营管理出现潜在的倾向性问题和风险时，行政机关针对所发现问题和风险约见相对人进行谈话的监管行为。地方电信管理机构针对本地网站（特别是BBS、博客）出现的苗头性动向，及时约谈本地有影响的网站负责人、网民，提醒其注意法律和政策风险，并请他们利用自身的影响力形成正面的舆论导向；提示基础电信业务经营者有关负责人落实网络信息安全保障措施，及时阻断有害信息、网络安全事件的扩散。

“信息报告”是指相对人向行政机关汇报必要的信息，使之获取政策执行效果的反馈意见，为政策改进提供重要依据。我国电信管理机构在电信服务领域广泛采取此措施，并通过信息通报制度向社会公布有关情况，取得良好的社会效益。在网络信息安全领域，只有以大量及时、准确的情报为基础，电信管理机构才能有针对性地采取监管措施。尤其在网络安全事件频发的当代社会，早期预警和信息收集，对遏制危机蔓延有着不可替代的作用。无论基础电信业务经营者，还是增值电信业务经营者，都应及时向电信管理机构报告自身网络和系统中存在的有害信息和危害网络安全的行为。

这三种方式，旨在丰富地方电信管理机构在执行国家法律、政策过程中的手段，提高管理水平，使国家的政策主张、政府的管理要求逐渐成为企业、公民内心的自觉意识，从而产生一种稳定的动力，激励、指导其行为符合法律精神和政策要求。

三、地方电信管理机构在区域网络信息安全领域中需要找好“坐标”

一般而言，政府角色定位可以分为两种类型：监管型政府和服务型政府。监管型政府通常事无巨细，将各领域的事情都纳入管辖范围，导致在政策问题上将一些没有必要上升为政策问题的公共问题认定为政策问题，致使其职能越位；服务型政府提倡服务理念，它的管辖范围相对来说较小，在政策问题认定上，仅将那些确需政府来解决的公共问题认定为政策问题。在新公共管理理论看来，重视目标、强调结果是政府机关必须倡导和追求的。虽然存在种种议论和批评，但是我们不得不承认，政府部门如果不能实现其“三定”方案的职责，或者无法落实其各项政策，那么这个机关的运作机制将受到质疑，其存在的必要性将大打折扣。

地方电信管理机构在区域网络与信息安全领域的管理过程中，应当认真执行法律规定，找准自身定位：作好网站备案基础性工作，注意加强与相关部门的协作配合，健全和完善网络信息安全协调管理工作机制和流程，形成工作合力，提升整体工作效能；对于地方一些政府部门提出的特定临时性措施，既依法进行配合，也要向其及时说明保障公民通信自由的重要意义，即在维护网络信息安全、阻止有害信息传播的同时，应当注意遵守宪法、保护基本人权；督促、指导有关企业，特别是基础电信业务经营者切实负起责任，健全和落实网络信息安全责任制，完善管理制度和技术手段，扎实抓好责任落实；引导企业开发符合市场需求的网络信息安全产品，促进其产业化；发挥通信协会、互联网协会等中介组织的作用，密切联系有实力的网站和有影响力的网民，推进行业自律和网民自律，鼓励健康有益的信息在网络上传播。

在大数据时代，维护本区域网络信息安全是地方电信管理机构的重要职能。电信管理机构应当依法行使职权，不断丰富管理手段和管理机制，正确把握与其他政府部门和广大人民群众的关系，充分、合理履行自身的职能，为所在地提供高质量的公共服务。

“私服江湖”谁做主——区域互联网安全危机管理机制刍议

2009年5月19日夜全国六省区网络大面积瘫痪的事件曾经轰动一时，起因竟是数个互联网“私服”经营者为了击败竞争对手，而利用网络进行“黑客式”的互相攻击，由此引发了“多米诺骨牌”效应。值得深思的是，这种攻击方式目前在网络“私服”行业相当普遍；“私服”的危害已经从个案蔓延至公共安全领域，需要政府建立有效的管理机制予以消除。

“私服”是对互联网安全的新挑战

“私服”是未经版权拥有者授权，非法获得服务器端安装程序之后设立的网络服务器，本质上属于网络盗版，从而直接分流了基础电信业务经营者的利润。由于“私服”没有得到网络游戏的制作商法定许可，在技术和服务实力上都和正版游戏的“官方”服务器不存在可比性；其赢利方式与“官方”服务器相同，都是向玩家收费以获利。整个“私服”行业的风气就是相互恶意攻击，各“私服”经营者只有将对手击败后，才能将对方的客户抢过来；客户越多，获利越大。

多年以来，“私服”一方面为网络游戏推广起到推波助澜的作用，另一方面又侵害广大合法网络游戏经营者和游戏玩家的利益。涉及“私服”的各类争议从来没有停止，有关案件此起彼伏，主要是对侵犯著作权的追究，和防止破坏市场交易秩序，但从未像“5·19”断网事件那样大规模地危害公共安全，也没有造成如此大的损失。

维护互联网安全是政府的一项重要职能——面对“私服”经营者之间的互相攻击，就如同警察看到大街上有黑社会分子在群欧，是不能坐视不理的。对于“5·19”断网事件这样的情况，政府应从公共部门危机管理的角度入手加以应对。

维护互联网安全需要建立强有力的区域互联网安全危机管理机制

所谓公共部门危机管理，就是指危机发生时，公共部门所采取的有助于公民和环境的一系列措施。这些措施一般包括：预测和识别可能遭受的危机，采取防备措施，阻止危机发生，并尽量使危机的不利影响最小化。其目的在于提高公共部门对危机发生的预见能力和危机发生后的救治能力，及时、有效地处理危机，减少损失，恢复社会秩序。

按照国务院关于加强各领域重大公共突发事件应急管理工作的精神和统一部署，原信息产业部建立了公共互联网网络安全应急管理体系和相应的应急工作机制，成立了国家通信保障应急领导小组以领导、组织、协调互联网网络安全应急工作，建立了互联网网络安全应急处理工作办公室，制定了《互联网网络安全应急预案》和配套的《经营性互联网网络安全应急协调预案》，并组织了应急演练，初步建立了以信息产业部（现工业和信息化部）统一指挥领导，以国家计算机网络应急技术处理协调中心（CNCERT/CC）为重要技术支持力量，以各互联网运营单位为基础处置力量的重大网络安全事件应急管理体系。与此同时，我国也积极开展互联网安全问题的国际交流与合作，如在亚太经合组织、世界贸易组织、东盟10＋3架构、国际电联（ITU）、国际计算机应急响应论坛组织（FIRST）、亚太计算机应急响应组织（APCERT）等经济和技术组织中，积极地提出议案、开展项目合作、推动双边和多边交流等，发挥了应有的主导作用。

上述内容是在国家层面的各项制度和措施，但是互联网安全事件往往在局部爆发，迅速扩散。认真总结“5·19”断网事件的原因，可以探寻一条维护互联网安全、克服网络安全危机的新途径。第一，我国在互联网安全领域的法律法规，尤其是地方性法规仍不健全，难以适应网络发展的需要，对于类似“私服”等行为缺乏针对性的规定和制约措施，对于违法犯罪分子的查处力度偏弱。第二，包括“私服”经营者在内的有关经营、技术人员法律意识和网络安全意识淡薄，一方面盲目扩大业务量、片面追求自身发展而忽略网络安全问题，另一方面故意或过失违反网络安全的法律制度和技术规范，肆意妄为，破坏虚拟世界的秩序。第三，省部两级电信管理机构的网络安全工作尚存在职能模糊、组织缺位、人员缺乏等问题，已经严重影响到其履职能力和网络安全基础性工作的正常进行。第四，有的地方基础电信业务经营者内部管理存在疏漏，对服务器托管、租用等业务情况不甚了解，管理混乱；在进行系统规划设计时没有体系化地考虑网络安全保障和依法安全监控的要求，应急处置能力欠缺，导致自身的网络安全防护和抗风险能力较为薄弱；内部网络信息安全机构和队伍不够健全，缺乏制度化的防范机制，在运行过程中没有有效的安全检查和监测保护制度。第五，一些地区网络安全基础设施存在功能不足、层次不够、对新技术的适应能力欠缺等问题，如大规模网络安全事件的检测、防护、隔离和定位能力、公共网络基础设施的全局管理、指挥、监控、调度与协调能力等都有待健全和提高。

由此可见，应对互联网安全事件，需要政府有能力及时发现苗头，把事件控制在一个区域内，尽可能地防止事件的影响波及更大的范围。于是，建立区域互联网安全危机管理机制，从制度层面提升各地维护互联网安全的能力，就成了克服危机的一项重要措施。

建立区域互联网安全危机管理机制需要多管齐下

针对“私服”等新技术所带来的网络安全危机，在区域互联网安全危机管理机制内需要整合法律、管理、技术等多方面资源。

首先，大力推进《电信法》立法，通过法律的形式确定地方电信管理机构具有本地互联网安全监管职能，授权其监测、处置各类危害网络安全的事件；明确互联网运营、使用单位和个人应负的安全保护义务和责任，清晰界定各个主体网络行为的范围；加大对各类危害互联网安全行为的惩罚力度，并注意与刑法、行政法等部门法的衔接，形成法律救济手段完备、管理和保护并重的网络安全法律制度。

其次，建立区域内互联网安全事件的危机预警、危机评估、危机处理、危机反馈等工作流程：在事件发生前，对互联网进行有效监测，及时掌握危机发生的第一手信息；在处理事件的过程中，采取正确的策略，及时披露信息，实时监控危机发展；在事件结束后，出台恢复计划和对事件处理情况的评估报告，适时向公众反馈危机处理的结果。

再次，采取综合、协调的方式，把政府、企业的力量团结在一起。地方电信管理机构需要充实互联网监管队伍，合理配备专业技术和管理人员，强化和提升履职能力；完善监管手段，充分发挥电信基础业务和增值业务的经营许可制度的作用，对各企业网络安全提出相应的安全要求，并进行专项审查；实现相关地方政府职能部门间的有效协调和资源共享，切实保障对区域内互联网的安全管理。基础电信业务经营者要加强企业自身建设，堵塞各种漏洞，落实各分支机构的安全管理责任，清理非法业务和有害网络安全的业务；规划系统建设时应同时考虑网络安全需要，并配备专门的网络安全维护人员；积极配合电信管理机构监测、处置网络安全事件。增值电信业务经营者应履行法律法规的要求，主动承担起企业应负的网络安全义务和责任，加强对员工的网络安全法制教育，约束员工的行为，积极配合电信管理机构的执法活动。

最后，地方电信管理机构应密切跟踪包括互联网新技术的发展，积极研究基于互联网协议的新电信服务的安全隐患，如对等文件共享、即时通信、博客、播客等新兴业务出现可能引发的网络行为安全问题；组织大学和科研院所开发新技术、新标准，并加以推广。

互联网安全事件是公共部门危机的一种表现形式，可以与其他领域形成连锁反应，相互映射、相互作用和相互影响。有效处理互联网安全事件是可以看成是整个社会部门危机管理的有机组成部分，而建立区域互联网安全危机管理机制对处理互联网安全事件有着无可比拟的作用。在这一机制下，以电信管理机构为核心，发挥各方面的优势，可以有效克服互联网安全事件所引发的危机。

从维护互联网信息安全看加强对即时通信的监管

“用户476135799请求你通过身份验证；附加消息:合理抵税，代开发票，有需请加QQ349594860，欢迎合作！”

“鄙视东航航总公司，良心比X国人大大的坏，像强盗一样，强行从各地掠夺财富！鄙视上海杂种，东航江苏分公司10名飞行员集体辞职，东航飞行安全为航空公司中最差的！”

“购买枪支弹药，请拨136XXXXXXXX”

以上内容来自即时通信工具传播的消息。一些别有用心的人利用这种新技术传播反动、淫秽、经济犯罪等各种不良信息，甚至利用它从事散布虚假新闻、引导舆论，煽动非法集会等危害社会安全稳定的行为。

可见，即时通信（Instant Messaging，缩写为IM）的出现，不仅带来了便捷的交流方式，也为维护互联网信息安全提出了新的课题。

一、监管即时通信需要突破的法律“瓶颈”

即时通信满足了两名或多名即时消息软件终端用户之间，实时传递文字、文件、语音乃至视频交流的需要。如同私人信件不能被随意拆看一样，即时通信用户之间的私人通信也应当受到宪法、法律、法规的严格保护。《电信条例》第六十六条明确规定：“网络用户依法使用电信的自由和通信秘密受法律保护。除因国家安全或者追查刑事犯罪的需要，由公安机关、国家安全机关或者人民检察院依照法律规定的程序对电信内容进行检查外，任何组织或者个人不得以任何理由对电信内容进行检查。” 但是，《电信条例》第六条规定，“电信网络和信息的安全受法律保护。任何组织或者个人不得利用电信网络从事危害国家安全、社会公共利益或者他人合法权益的活动。”因此，处理好保护个人通信自由与秘密维护信息安全的关系，成为各级互联网监管机构亟需解决的一项重要问题。

在互联网时代，尤其是即时通信出现后，个人信息和公共信息的界限越来越模糊。例如，两名QQ用户单独聊天的内容，显然如同私人信件、电话一样，属于个人信息，但是群组聊、需要注册方能进入的聊天室等相对封闭的多人即时通信内容是不是也属于个人信息呢？笔者以为，区别个人信息与公共信息的关键在于如何认定“公共”的概念。根据现行法律和学界通说，所谓的“公共”突出特点在于“不特定性”，即无特定指向的人或物。因此，在即时通信范畴内的“公共信息”可以理解为，被不特定的即时消息软件终端用户所分享的信息。如果经过简单注册就可以建立的聊天组（室）、微信圈，是一个相对封闭的空间，如同买票就可以进入的剧院，其中传播的信息当然属于公共信息，纳入信息安全监管的范畴，对于违反法律的信息应当及时处置。

但是，我国网络法律中对于即时通信中的公共信息还没有清晰的界定，造成技术手段、行政手段都是无法完全到位。因此，笔

者建议正在制定的“信息安全条例”中对于这个问题作出明确的阐释，同时针对即时通信的监管作出比较全面的规定，为各级互联网监管部门依法行政提供强有力的依据。

二、提高互联网信息安全工作技术，应对即时通信飞速发展带来的挑战

近年来，各种即时通信技术日新月异，P2P技术、加密技术、代理技术、分布式技术，以及这些技术的综合应用发展迅猛；即时通信新应用日益增多，和网络服务结合越来越紧密，无线即时通信大有超越有线即时通信的势头，多个即时通信系统可以实现通用接入（如雅虎通和MSN实现互联、QQ和微信的互通）；即时通信范围日趋广泛，目前国内市场上的即时通信软件几乎都具备网络电话功能。

飞速发展的即时通信为我国互联网信息安全工作带来了一定的挑战。以Skype为例，它的用户只需借助扬声器就可实现PC到PC的免费高质量通话，还可以通过PC拨打全球各地的固定电话和手机；它实现了将网络资源分散，让语音呼叫的接通率和质量在很大程度上甚至超过传统的电话网络。同时，Skype运用的是P2P技术,在穿透防火墙和NAT(Network Address Translation网络地址转换)方面也很有用，几乎可以在所有的防火墙或者NAT之后工作。此外，Skype 采用了256位的端对端加密方式，保证信息传输不被窃听；采用了数字签名的方式，保证存储在P2P网络中的用户数据不被篡改。

针对这些问题，我们必须及时跟踪，提高技术水平，采取相应对策，同时整合现有资源，建设统一信息安全监控系统，加强即时通信内容的安全监管，加大监测力度、发现与处置的力度，对有害信息做到及时发现、及时封堵；通过对即时通信服务提供者实施技术保障措施，严格执行和完善网上内容监察制度，杜绝淫秽和反动

内容的传播，净化互联网上网环境。

我们在强化技术监管的同时，不能因噎废食，有必要注意促进网络技术的发展。譬如，用户使用PC-PC免费呼叫已较为普遍，但用户更关心的PC-Phone、PC-Mobile Phone、Phone-PC、Mobile Phone-PC的呼叫因政策限制迟迟无法实现，从而限制了即时通信软件尤其是网络电话软件的发展。如果我们不能及时调整政策，将错过发展机遇，最终不利于互联网信息安全。

三、即时通信的管理体系需要逐渐完善

网络安全界常说这样一句话：三分技术，七分管理。即时通信管理既需要法律保障、技术支持，也需要有效的管理体系。我国各级政府部门，通过建立健全互联网信息安全法律、法规，明确各自监管职责，构建运转良好的管理流程和机制，提高管理的时效性、有效性。在此基础上，笔者建议针对即时通信的特点，从主体、行为、内容等三方面加强监管。

就主体而言，在推进上网实名制的过程中，可以在即时通信软件群组创建者和管理员中率先实行实名登记（腾讯公司在2005年7月已经做了有益的尝试），并建立相应的数据库，实现与ICP/IP备案系统的联动，推行“黑名单”制度，定期发布不良即时通信软件群组等的名单。

就行为而言，一方面对大量发送即时信息的行为进行过滤，比照处理垃圾邮件的方式进行处置；一方面加强对即时通信软件群组功能的管理，严格群组的创建和加入，禁止出现含有有害信息的群组名称，新成员加入群时必须经过群创建者的认可。

就内容而言，除了有权部门严格依照法定程序对于即时信息的内容进行审查外，还可以建立用户向互联网主管部门的举报制度，

由互联网主管部门根据举报内容进行分类，及时移送其他有权处理的部门。

对于即时通信的管理，政府部门固然起着主导作用，但是我们也不能忽视互联网运营企业、民间组织等社会各界的力量，争取他们的合作。

互联网运营企业应当依法承担互联网信息安全保护义务，遵循“谁运营谁负责”的原则。中国移动的NISS体系、中国电信的SOC平台在这方面做了有益的探索。针对即时通信的特点，笔者建议，可以在电信业务经营许可证的特别规定事项中强化互联网运营企业的责任，赋予他们过滤、屏蔽有害信息的权利（这项权利必须在征得用户同意后方能行使），并适当免除或减轻其因误判而需承担的责任。

此外，民间组织可以通过行业自律、道德规范、正面舆论引导，在管理即时通信的工作中作出自己的贡献。

《中共中央关于制定国民经济和社会发展第十一个五年规划的建议》明确指出，“加强宽带通信网、数字电视网和下一代互联网等信息基础设施建设，推进‘三网融合’，健全信息安全保障体系。”对于即时通信的管理是其中重要组成部分，是维护国家网络安全和信息安全的需要，是维护社会稳定的需要，同时也关乎青少年的培养和民族的未来。只有政府部门通力配合，动员全社会力量，通过法律、技术、管理等手段的综合运用，才能有效地维护我国互联网信息安全。

相关链接

目前我国市场上约有50款即时通信软件，腾讯QQ占据绝大部分市场份额，MSN Messenger、新浪UC、网易POPO、雅虎通、Skype、淘宝旺旺等紧随其后。几种主要即时通信工具：（1）ICQ，即最早的网络即时通信工具，原是以色列的高德菲因格等四名学生开发出来的，从而实现网上信息实时交流，改变了整个互联网的交流。（2）腾讯QQ，可以提供包括以语音、视频、文字、E-mail、网络电话(VOIP)等各种即时通信服务，甚至拥有发短信、发贺卡、共享文件、点歌、打游戏等功能，为广大用户所喜爱，受欢迎比率远远超过其他软件。其中，腾讯TM首次从QQ中分离，以更简洁明快的界面及更强的协同应用能力抢入商用市场。（3）MSN Messenger，由软件巨头“微软”开发，被嵌进了Windows XP操作系统里。2005年年底，中国联通公司和微软MSN在北京联合发布了基于中国联通BREW平台的MSN即时通信产品，实现了即时通信服务从计算机延伸到手机终端。（4）Skype，作为一款即时通信软件，除了拥有文字聊天、文件传送等基本功能，其最大优势在于清晰无比的语音聊天了；它与国内找到了的四大门户网站之一的Tom.com合作，推出了TOM-Skype。除了强劲的语音功能，TOM-Skype还拥有加密信息及跨Windows/Linux/Mac/PDA平台使用等诸多特性。

监管P2P下载技术，保卫我们的心灵

网络技术发展迅猛，内容无限且丰富，在方便人民群众社会生活的同时，也给一些不法分子利用网络散布淫秽色情等有害信息提供了机会。我国党和政府高度重视，多次采取专项行动予以打击。这些行动针对的对象主要是通过网站（WEB方式）传播淫秽信息的行为，但是，随着互联网技术发展日新月异，P2P下载（上传）成为色情信息传播的重要途径，对其强化监管已经迫在眉睫。

P2P下载技术带来的挑战

大数据的分层存储与传输方式更加便捷与灵活，其中P2P是peer-to-peer的缩写，peer在英语里有“（地位、能力等）同等者”、“同事”和“伙伴”等意义。于是，P2P也就可以理解为“伙伴对伙伴”的意思，或称为对等联网。它使人们可以直接连接到其他用户的计算机、交换文件，而不是像过去那样连接到服务器去浏览与下载，从而改变互联网现在的以大网站为中心的状态、重返“非中心化”。事实上，网络上现有的许多服务可以归入P2P的行列，如QQ、MSN Messenger、Skype等即时通信软件就是目前流行的P2P应用。

P2P下载技术则为信息传递提供了更宽广的舞台，也给不良信息传播提供了新途径。下面结合流行的“电驴”软件（英文名称为“edonkey”）加以说明：

互联网用户轻易通过各种渠道（如镜像服务器）得到该软件，之后利用它把各自的计算机（PC）连接到“电驴”服务器上，而服务器的作用仅是收集连接到服务器的各“电驴”用户的共享文件信息（并不存放任何共享文件），并指导P2P下载方式。在这里，每台计算机（PC）既是客户（client），同时也是服务器（server）。用户可以通过输入关键字，搜索到自己需要的文本、图片、视音频等文件。由于该软件不对关键字、信息来源、文件等进行过滤，用户搜索到的文件不仅包括合法、有益的内容，也包括黄色、暴力信息，甚至反动、危害社会安全的内容，并且可以快速下载到自己的计算机中。用户下载文件的时候也在上传文件，也就是说，每个下载有害信息的人也是不良信息的传播者。

监管面临的新问题

P2P下载技术的进步为我们带来福利的同时，也打开了一个新的“潘多拉盒子”，使监管机构遭遇到前所未有的难题：

首先，法律的缺失使黄色信息泛滥。用户利用“电驴”等P2P软件下载色情信息的行为，虽然不可一概而论认定为违法犯罪，但其自动上传淫秽物品显然具有社会危害性，应当纳入法律调整范畴。我国刑法规定，“传播淫秽的书刊、影片、音像、图片或者其他淫秽物品，情节严重的，处二年以下有期徒刑、拘役或者管制。” 根据最高人民法院的司法解释，所谓情节严重，是指传播淫

秽电影、表演、动画等视频文件达到40个以上的行为。但是，P2P下载（上传）与传统下载（上传）的不同之处是，它下载（上传）的文件不是传统意义上的完整作品，而是若干个被“化整为零”的文件包，无法单独播放。只有多个下载和上传的数据包进行拼凑，才可以合并成可播放的完整文件。这就使得监管机构在处理有关案件时遇到无法逾越的法律障碍。

其次，监管技术滞后也使传播者有恃无恐。目前，P2P软件大多带有不过滤色情信息的搜索功能，用户可以从浩如烟海的境内外网络资源中十分容易找到所需要的文件，这使得传统的屏蔽技术形同虚设。同时，很多用户匿名使用这些软件，不提供真实的注册信息，甚至可以通过动态IP地址等方式隐藏自己的身份，给监管机构的技术追踪带来了很大麻烦。此外，部分互联网信息服务提供者无视国家法律制度，对用户的管理过于宽松，不停止有害信息传播，也给网络色情打开了方便之门。

最后，体制落后制约了监管部门的行动。P2P软件的制作者、信息来源大多在境外，某些国家对于网络色情持相对宽容的态度，而我国与有关国家也缺乏在这个领域的执法合作机制，这些都导致了很难从根本上消除网络色情的来源。通过P2P下载的方式传播色情信息成本非常低，而调查取证的成本很高，技术难度大，这使得打击网络色情的行动有时难以取得预期成效。

监管P2P下载技术的对策

从上述分析中，我们不难发现打击网络色情必须多管齐下，技术手段、法律手段、行政手段和社会监督等方式同时并举。

第一，完善立法，健全电信和互联网法律体系。立法机关应当通过法律形式规定，通过P2P传播含有色情内容的文件及文件片段是违法行为，进一步明确网络用户利用互联网传播色情信息的违法责任，以及各监管机构在维护网络信息安全方面的职责。

第二，适时建立互联网安全监测系统，对网上信息安全情况进行实时监测，实现各有关机构之间的信息共享，推动建立联合研究、磋商机制，协调各自的行动；赋予监管部门在必要时采取技术管制措施的权力。

第三，各互联网信息服务提供者应当准确掌握网络用户的IP地址、姓名、年龄等关键信息，积极配合有权的监管机构打击利用互联网进行的违法犯罪活动，及时准确提供相关资料、数据或者信息，停止传输有害信息，并保存有关记录。

第四，倡导健康向上的网络文化氛围，推广过滤有害信息的软件；政府应当提供资金，支持在学校、公共图书馆、网吧等公共上网场所建立网络过滤技术系统；网络技术服务商在给学校和图书馆提供过滤技术服务时要给予优惠。

综上所述，打击利用P2P传播网络色情，应当采取政府、企业与社会互动，法律、技术、行政、教育相结合的方式，相互配合、相互协调，全方位多角度地保护互联网信息安全。

借鉴国外经验 推动我国大数据中心建设

对于大多数人来说，“大数据”还是一个陌生的术语。但事实上，也许我们每一个人都已不知不觉地成为大数据的服务对象和数据收集的来源。当我们在某个电商浏览某件上衣的时候，聪明的网站似乎就能猜到我们的意图，然后就列举了与上衣很搭配的裤子、鞋、袜子……大数据的应用在方便消费者作出选择的同时，也增加了交易的机会。

不过，上面所讲的这个案例，只是大数据的初级应用，数据来源有限，其服务对象也为本企业或特定的入驻商家。最近，韩国在大数据中心建设这一领域有重大突破。据媒体报道，韩国政府拟建设一个大数据中心，帮助其科技行业赶上世界顶尖科技公司。这是该国第一个开放的数据中心，任何人均可通过该中心对大数据进行提炼和分析。该中心面向中小型企业、风险企业、大学和普通公民，用户可以利用大数据技术帮助解决业务或者研究方面的问题。韩国这一大数据中心的突出特点就在于其开放性，公民、企业、团体等都可以通过对数据的分析、提炼，为我所用。而综观世界各国，在大数据中心的建设上更是各显神通。国外大数据中心建设的经验与教训，对于处于起步阶段的我国具有重要的借鉴意义。

规划先行 避免无序发展

我国的信息化建设往往是受一两个新概念的影响而得以推进的。近些年，“数字地球”、“数字城市”、“物联网”、“智慧城市”不断演绎信息化建设的一个又一个高潮。2012年年底以来，又有一个新的信息化热词闪亮登场了，那就是“大数据”。从技术发展趋势来看，大数据紧扣物联网、网络社交通信、多媒体等信息产生工具海量出现的大背景，解决了求解信息资源爆炸性增长难题的技术手段问题，因而受到人们的高度关注和热切期待。所以，就在2012年3月29日美国政府启动“大数据研究与开发计划”不久，“大数据”这个概念就在中国传播开来，一些大型IT企业也在这一年的时间里密集地宣传、推广自己的大数据产品。然而，表面上的繁荣仍然存在无序发展的硬伤。目前，我国的数据中心仍以中小规模的传统数据中心为主，其中小于400平米的小型数据中心超过90%。由于技术、资金和人才等原因，中小规模的数据中心普遍存在着能效差、水平低、重复建设等问题。同时由于维护的技术复杂，成本高昂，运维困难，用户需求变化迅速等原因，不少数据中心难以跟上技术进步的步伐。从当前国内有关大数据的相关报道来看，大量的是有关电商企业对市场信息资源的大数据开发应用，而对于大数据在基础科学研究、重点关键行业的影响尚未看到任何的进展。

而反观美国，2012年3月，美国白宫科技政策办公室发布了《大数据研究和发展计划》，同时组建“大数据高级指导小组”，此举标志着美国把大数据提高到国家战略层面。而从美国政府《大数据研究与开发计划》来看，自然科学研究、环境保护、生物医药研究、教育以及国家安全等领域才是大数据技术突破的重点。

在大数据中心的建设上，我国应借鉴美国的先进经验，将大数据管理上升到国家战略层面，从国家战略层面予以重视。政府要有责任部门牵头进行专项研究，从国家层面通盘考虑我国大数据发展的战略。建立相关的研究计划，引导和推动各部委、各行业组织对于大数据的研究和利用，推动各个领域和行业的大数据应用工作，提升科学决策能力。另外，为把握大数据时代的战略机遇，积极营造良好的大数据产业生态环境，政府应制定积极的产业政策，推动大数据产业的创新发展，给予一定的政策优惠。

建章立法 扫除法律障碍

大数据从数据生成、信息收集到数据的发布、分析和应用，牵涉各个层面。目前，我国在数据的收集、使用上还存在一定的法律空白和欠缺，发达国家在大数据中心的建设上也面临同样的问题。相关立法应包括以下内容：

一是推动数据公开。推动中国大数据发展，关键在于政府理念的转变。应推动数据公开，带动从政府到各行业公开数据，让数据这种生产要素自由流动，这样才能不断提高其附加值。美国和英国都已经有了政府大数据网站，在数据公开方面先行一步。

二是隐私保护。日本最大的移动通信运营商NTT Docomo 在2010年以前就开始着手大数据运用的规划。Docomo不但着重搜集用户本身的年龄、性别、住址等信息，而且制作精细化的表格，要求用户办理业务时填写更详细的信息。尽管信息完整度高，但因为日本社会十分注重个人隐私，Docomo多年来在大数据运营上仍停留在规划阶段，对如何越过隐私问题进行商用还是比较头疼。Docomo曾为未来的大数据商业化制定了三个阶段：首先是建立资料库，其次是建立活用机制，最后是实现活用，而当前只处于第一阶段。步子最为激进的则数美国运营商Verizon，Verizon已开始通过一项名为Precision Market Insights的服务，将手中的用户数据直接向第三方出售。因此，对我国来说，为保证我国大数据中心建设的持续健康发展，应通过立法或立规，妥善处理政府、企业信息公开与公民隐私权利保护之间的矛盾问题。

绿色发展 做好节能减排

节能减排，是国家可持续发展的重要保证，也是我国对国际社会的庄严承诺。而在大数据中心的建设上，能耗问题一定要引起足够的重视。在美国，数据中心已经占到总用电总量的2.2%，苹果、亚马逊、微软等公司都因数据中心的能耗问题而饱受绿色和平组织批评。根据美国环境保护署的报告，数据中心的能源消耗每五年翻一番。在美国，2011年数据中心能源消耗占到了美国电网总量的2%。而根据IBM公司的统计表明，能源成本占数据中心总运营成本的50%，整个人类文明所获得的全部数据中，有90%是过去两年内产生的；而到了2020年，全世界所产生的数据规模将达到今天的44倍。根据相关数据统计显示，虽然国内的数据中心建设发展比较快速，但是能耗问题也比较突出，目前国内数据中心的PUE平均值基本都在2.5以上，与欧美地区的PUE普遍值1.8以下还存在着较大的差距。

2013年6月12日，Facebook向外界公开了其位于瑞典北部城镇吕勒奥（Lule）的数据中心。该数据中心是Facebook在美国本土之外建立的第一座数据中心，也是Facebook在欧洲最大的数据中心。吕勒奥位于波罗的海北岸，距离北极圈只有100公里之遥，当地的气候因素是Facebook选择在吕勒奥建立数据中心的重要原因之一。据Facebook介绍，自1961年以来，吕勒奥的气温高于30℃的时间不超过24小时，在该地区建立数据中心将节省一大笔散热开支。

目前，从公开报道的消息来看，我国多个地区已经开始或计划兴建大型数据中心，希望在建设过程中提前考虑好能耗问题，避免重蹈西方国家一些大型数据中心的覆辙。可喜的是，我国相关部门已经意识到这一问题，提前进行了谋划。今年初，工信部发布的《关于数据中心建设布局的指导意见》中，指出重点推广绿色数据中心和绿色电源，明确要求新建大型云计算数据中心的能耗效率（PUE）值达到1.5以下，已建的数据中心通过整合、改造和升级，PUE值应降到2.0以下。

未雨绸缪 重视人才培养

大数据中心建设的目的，为的是后期对数据的挖掘应用。大数据应用在全球各国发酵之际，伴随而来的问题，就是各国普遍缺乏数据科学家。因应大数据处理的需求，不论企业决定采用哪一种解决方案，最终需要有数据科学家来运用这些大数据，才能活化大数据的价值，重新建构数据之间的关系，并赋予新的意义，进而转换成企业的竞争武器。

在大数据处理环节中，数据科学家是能否点燃大数据价值的关键。然而，数据科学家的养成并不容易，因为数据科学家必须同时具备3种条件，包括深入了解企业内的业务与组织、具备数据探勘等统计应用知识、熟悉数据分析工具操作。目前国内的数据分析师，较擅长的是处理已经发生的问题，找出问题源头，并且尽快排除问题，但是，相对缺乏发掘未知问题的能力。根据市场调查机构Gartner的数据，有高达72%的企业认为，大数据的应用价值，在于预测未来。然而，这样的应用需求与国内数据科学家的人才不相匹配，预计将成为国内发展大数据应用的最大挑战。因此，不论是从政府还是企业角度，应未雨绸缪，提前做好大数据人才培养，不要等到大数据中心建好之后再来找人，那必将造成大数据中心资源的极大浪费。

IDC近日发布的《中国大数据技术与服务市场2012–2016年预测与分析》报告显示，中国大数据技术与服务市场规模将会从2011年的7 760万美元增长到2016年的6.17亿美元，未来5年的复合增长率达51.4%。面对良好的发展局面，我国的政府、企业要充分借鉴国外的经验教训，站在巨人的肩上创新，为我国的大数据中心建设及大数据产业发展增添活力。

大数据业务下的“二次确认”符合合同法的精神实质

随着移动互联网和大数据业务的发展，网络服务商越来越轻易地能够获取人们的消费习惯，也愈加方便地诱导人们订购各种信息产品和服务。与电商实际购买商品相比，信息产品和服务本身不是实体，主要是动漫游戏、数字音乐、网络艺术品等数字文化内容的消费；在精美的画面和富有诱惑力的广告面前，用户轻点鼠标或轻触屏幕之后会享受到一些服务，但是也会后悔——“其实我本不想买”。

为了切实保护消费者的合法权益，净化移动信息服务市场消费环境，通过“二次确认”方式对用户申请包月类和订阅类信息服务业务进行规范是一个不错的选择。原信息产业部于2004年出台的《关于规范短信息服务有关问题的通知》（以下简称《通知》），和《关于信息服务类用户申诉调查处理的实施细则》（以下简称《实施细则》），是对合同法精神的延伸，至今仍有巨大的指导意义。

“二次确认”的具体过程为：“信息服务商在收到用户服务申请后，要向用户发送请求确认信息，且请求用户确认信息中必须包括收费标准和收费方式，在收到用户的确认反馈后，信息服务商才能向用户提供服务并相应计费，同时告知服务订制成功”。若电信业务经营者未收到来自用户的确认订制的反馈信息，不得视为默认订制，不得收取相关费用。给用户发送的请求确认信息中，必须包括移动信息服务企业的名称、具体业务名称、资费标准、退订方式等应告知用户的信息。

“二次确认”的要求提出后，一些信息服务商并未完全理解这一措施对营造正常的增值业务市场环境和保障用户利益所起的重要作用，把“二次确认”当成一种惩罚，一个“紧箍咒”，有的甚至质疑“二次确认”的法律意义。实际上，包月类、订阅类信息服务业务订制关系，是一种电信服务合同，当然要受到合同法调整。《通知》和《实施细则》体现合同法的内在精神，符合意思自治原则、合同条款与形式的规定以及合同订立的一般程序要求。

充分体现合同法的“意思自治”原则

一些信息服务业务经营者利用恶意短信的圈钱伎俩，欺骗消费者订制服务。首先，采取淫秽短信，通过露骨的文字描述短信，诱导消费者使用收费业务。如“我很寂寞，快打我电话吧……”其次是伪亲情短信，SP伪装成用户的亲友、熟人，骗取用户回复短信，使用收费业务，如“我们有10年没见了吧，我现在回重庆了，方便时联系我吧”。第三是虚假宣传短信，这类短信内容为业务宣传类型，但用户使用后发现宣传的资费和实际不符，如“你上月话费超过100元，获50元话费奖励，请发送××尽快领取”。

这些做法不仅违反了诚实守信的商业道德，而且严重侵害了消费者的知情权、选择权，违背了合同法的意思自治原则。《中华人民共和国合同法》（以下简称“合同法”）规定，“合同当事人的法律地位平等，一方不得将自己的意志强加给另一方。”其内容一般包括两个方面，一是自己行为，一是自己责任。自己行为，即当事人可以根据自己的意思决定是否参与民事活动，以及参与的内容、行为方式等；自己责任，即民事主体要对自己参与民事活动所导致的结果承担责任。据此，消费者有获得该服务真实情况的权利、自由选择是否订制该服务的权利。这种权利应当受到法律的保护。对此，《通知》规定，“电信企业（包括基础电信企业和移动信息服务企业）应负责移动信息服务业务计费和收费的准确性，在业务使用和收费过程中应尊重用户的自主选择权、知情权和公平交易权，保证用户明明白白消费。电信企业在进行移动信息服务业务宣传时，应严格遵守《电信服务明码标价规定》，在醒目位置明示信息费的资费标准和收取方式等内容；未按要求进行明示的，电信企业不得向用户收取信息费”。在“二次确认”的过程中，移动信息服务企业必须告知用户移动信息服务企业的名称、具体业务名称、资费标准、退订方式等信息。

加强了对包月类、订阅类信息服务业务订制关系的条款和形式要求

（一）关于合同条款的要求

我国合同法关于合同的条款有着明确的要求，一般包括以下几个方面：当事人的名称或者姓名和住所，标的，数量，质量，价款或者报酬，履行期限、地点和方式，违约责任，解决争议的方法。这些规定对于合同双方当事人有很好的参考意义，在合同中是必不可少的。我们无法设想一个连标的、数量、价款都不清楚的合同将如何得以履行，也无法想象一个没有违约责任和解决争议方法的合同能得到认真遵守。

以上要求在“二次确认”的过程中得到充分体现。《通知》规定，“用户申请订制包月类、订阅类移动信息服务业务（包括短信、彩信、彩E、WAP等）时，基础电信企业……给用户发送的请求确认信息中，必须包括移动信息服务企业的名称、具体业务名称、资费标准、退订方式等应告知用户的信息”。

（二）关于合同形式的要求

合同的形式是指合同当事人设立、变更、终止民事权利义务关系的一般协议的表现形式。通常使用的合同形式主要有口头形式、书面形式和行为默示形式三种。

在电信服务领域，口头形式的合同很罕见，常见的是书面形式。书面形式是指合同书、信件和数据电文（包括电报、传真、电子数据交换和电子邮件等）。在包月类、订阅类信息服务业务订制关系中，合同形式中最重要的是数据电文。《通知》和《实施细则》对此予以认可，并且明确规定基础电信企业应妥善予以保存有关信息。

在此基础上，《通知》和《实施细则》严格限制移动信息服务企业滥用“默认”行为，获取非法利益。

所谓“默示”是指合同当事人以某种表明法律意图的行为间接地表示合同内容的合同形式。默示所包含的意思，他人不能直接把握，而要通过推理手段才能理解。因此默示形式只有在法律规定和交易习惯允许时才被使用。在电信服务领域，我国尚未把“默示”作为交易习惯，更没有任何法规把它作为一种订立合同的形式。为了防止移动信息服务企业向客户推荐订制短信业务时，以默示为由强制其订立合同，《通知》规定，“用户申请订制包月类、订阅类移动信息服务业务（包括短信、彩信、彩E、WAP等）时，基础电信企业应当事先请求用户确认，未经用户确认反馈的，视为订制不成立，且不得向用户收费。”《实施细则》规定，“信息服务商在收到用户服务申请后，要向用户发送请求确认信息，且请求用户确认信息中必须包括收费标准和收费方式，在收到用户的确认反馈后，信息服务商才能向用户提供服务并相应计费，同时告知服务订制成功”。

符合合同订立的一般程序要求

合同订立的一般程序包括要约和承诺两个环节。根据我国合同法的规定，要约是希望和他人订立合同的意思表示，该意思表示应当符合下列规定：（一）内容具体确定，即包括合同成立所必需的条款（合同的主要条款）；（二）表明经受要约人承诺，要约人即受该意思表示约束。承诺是受要约人同意要约的意思表示，承诺必须由受要约人做出，必须向要约人发出，其内容应当与要约一致。

过去，人们常常把用户向信息服务商提出的服务申请视为要约，信息服务商只要确认用户申请，即发出“承诺”就可以使合同成立。于是，消费者经常糊里糊涂地订制了本不需要的服务。这样做显然于情于理不合，而且混淆了合同法上关于要约和要约邀请的区别。所谓要约邀请，是指希望他人向自己发出要约的意思表示，它只是订立合同的预备行为，而非订约行为，行为人一般不承担法律责任。因此，用户向信息服务商提出的服务申请，因其不具有具体确定的内容，也应被视为要约邀请。此外，信息服务商发出的各种订制广告一般属于要约邀请。

在“二次确认”的过程中，信息服务商在收到用户服务申请后，要向用户发送请求确认信息，且请求用户确认信息中必须包括移动信息服务企业的名称、具体业务名称、资费标准、退订方式等信息，这符合合同法关于要约的规定，可以构成要约。

用户在收到这些信息后，如果认为可以接受，则向信息服务商发出确认信息，这符合承诺的特征。根据合同法的规定，承诺通知到达要约人时生效，承诺生效时合同成立。这种订制行为是通过数据电文形式进行的，所以用户发出的确认信息进入信息服务商特定系统的时间，视为到达时间，此时合同成立。

最后，在收到用户的确认反馈后，信息服务商向用户提供服务并相应计费，同时告知服务订制成功，则属于合同履行的范畴。

综上所述，《关于规范短信息服务有关问题的通知》和《关于信息服务类用户申诉调查处理的实施细则》的出台，体现了合同法的要旨，进一步规范了基础电信企业、移动信息服务企业和消费者之间的行为，促进信息服务市场规范经营和诚信服务，保护电信用户的合法权益，也有利于整个移动信息服务业务的整合，从而促进其良性、健康发展。

大数据时代需要宽容的监管政策

“如果原告就是法官，那只有上帝才能充当辩护人。”

——陈瑞华：《看得见的正义》

中国的监管政策，无论哪个行业，都注重维护国家利益和社会利益，习惯于以行政体系推行管理制度。这与西方发达国家注意保护私权利，以司法体制为主、以行政管理为辅的监管政策有所不同。在大数据时代，传统的中国式监管模式越来越行不通，需要探索一条符合科技发展和人民呼声的监管之路。

中国的法制传统VS新世纪的网络文化

中国的法律来自于战争，有“刑起于兵”的说法，据《甘誓》记载：“左不攻于左，汝不恭命；右不攻于右，汝不恭命；御非其马之正，汝不恭命。用命，赏于祖；弗用命，戮于社，予则孥戮汝。”从先秦到清代，中国的公法体系发展极为完备，形成了中华法系，与英美法系、大陆法系相并列。

近代以后，中国引入大量西方法律制度和思想，中华法系瓦解，但是中国传统法制思想仍在延续。其中虽有精华，更多的却是糟粕，与当前的网络文化显得格格不入。

从中国引入互联网的第一天开始，国家安全就是管理的首要目标，任何侵害或者可能侵害国家利益的行为都会受到制裁，与之形成鲜明对比的是，个人利益保护不足。典型的表现是，被各国立法广泛认同为绝对权的言论自由，在我国的微博上就变为有限自由，一个区区的微博管理员就有了不经作者同意而删帖的权力，甚至可以伪造成“此帖已经作者删除”。这就如同革命导师马克思所说：“我们的命运不得不由书报检查官的脾气来决定。给书报检查官指定一种脾气和给作者指定一种风格一样，都是错误的。”维护个体的权力，反对多数人的暴政早已为世界各国法律所认可，但在当下中国，法制思想依然相对落后。

另一方面，中国的行政管理体系和思想是早熟的，在没有健全的法律体系的情况下，我们的祖先已经可以通过官僚体系掌控整个国家、维持社会运转了，时至今日我们的行政体系极为复杂，无所不管，甚至能够自给自足，这在世界上都是罕见的。具体到网络管理领域，我们的主流观念是认为网络是现实的投射，可以一一对应，可以把管理现实社会的方法照搬到网络领域。于是，各种弊端就产生了。

传统的行政管理模式与大数据的碰撞

当下，我们的监管方式是“谁接入谁负责、谁管理谁负责、谁经营谁负责”，各地监管机构以属地化管理为依托，各自为战。然而，当一家注册在江苏、服务器在浙江的企业在网络上有违法行为时，地方监管机构由于缺乏联动机制，就无能为力了。

大数据时代，业务的复杂性早已不是一两个服务器所能涵盖的，数据的截取可能跨省，甚至可能跨国，如前文所述的P2P下载模式，某个色情电影的某个片段可能来自北京，另一个片段则可能来自新加坡……网络上没有行政区划，更没有国界，以区域划分来管理网络不过是缘木求鱼的自我陶醉。

在微博上，发帖与删帖似乎是一对孪生兄弟，任何帖子不管是谣言还是真事，都可能被无故删除，但是整个网络的文字、图片、视频、音频能够被删除掉吗？从管理技术上讲，人为审查，删帖的行为不过是做做样子，根本无法实现管理目标。从大数据的思维来看，网络数据不是传统书籍，一旦上传，就无法彻底从网络上消失；存储时间早已不受服务器和磁盘容量的限制，碎片化、分布式、多层次的存储方式使数据无所不在。即使秦始皇焚书坑儒都没有把所谓禁书全面消灭干净，何况现在的网络时代呢？

网络已经成为个体为主的“小时代”，大而化一的监管方式即将走入死胡同的尽头。监管机构与网络用户、运营商在网络世界中其实是平等的，无所谓高低，只是分工不同，所以探索一条宽容的监管之路才是上策。

网络靠治理，而非管理

网络世界是平的，没有一个网络用户天生比别人高贵或低贱，网络运营商如果不能提供令客户满意的服务则必遭淘汰；政府机构如果不能很好地落实党的政策有效治理网络也必被裁撤，由其他部门取而代之。在本书的第一部分和第二部分中，我们分别探讨了中国的网络法制环境和网络管理的几个侧面，从中我们不难发现网络管理的不仅仅是虚拟世界，而且与实际生活紧密相关；在第三部分的前几篇文章中，我们也谈到了一些大数据的经典业务，写到这里，我们可以梳理出一个思路：网络靠行政管理难以为继，如果转而通过圆桌式民主治理，则可能走出一条新路。

2013年8月，网络名人社会责任论坛在首都召开，国家互联网信息办公室主任鲁炜与网络名人交流座谈。且不管谈的内容如何，仅就对话本身就是一个很好的开端——至少管理部门愿意坐下来和用户近距离交流。

管理是单向的，缺乏互动的，在传统文化中占据很重要的位置；治理是呈现网络化、分散化，参与主体是平等的，是现代民主发展的必然趋势。从20世纪80年代以来，西方主要国家，尤其是西方大部分发达国家，在政府机构中掀起了公共管理改革运动的浪潮。按照OECD（经济合作与发展组织）的界定，这一浪潮的措施主要包括：（1）企业管理技术的应用；（2）服务以及顾客导向的强化；（3）公共行政体系内的市场机制以及竞争功能的引入。进入90年代以后，以英国为代表的“第三条道路”为标志，以合作为原则的“新公共治理模式”登上历史舞台，其改革的焦点在于关注民间自治力量与公共参与的力量，超越意识形态的对立，建立政府与市场及公民社会的信任与合作；根据公共事务的复杂性、多样性、动态性，建立一个市场自组织、社会自治理、分层级的政府治理以及他们之间彼此有效合作所形成的复杂性、多样性、动态性的公共事务治理体系。

对于网络的治理，需要各个主体通过协商的方式取得“最大公约数”。权威的建立和巩固应当来自主体自身的积极争取；通过有效的交流，化解各种矛盾，以实现用户的利益为主要目标，同时兼顾各方关系，进而实现社会的整体和谐与进步。

需要特别注意的是，网络治理采取强制手段是毫无意义的，“防民之口甚于防川”的道理在这里足够适用，采用弹性、正面引导的方式，例如自律公约、荣誉称号等，远比处罚更有效果。

最后，回到马克思本人的观点作为本章的结尾："整治书报检查制度的真正而根本的办法，就是废除书报检查制度，因为这种制度本身是恶劣的，可是各种制度却比人更有力量。我们的意见可能是正确的，也可能是不正确的，不过无论如何，新的检查令终究会使普鲁士的作者要么获得更多的现实的自由，要么获得更多的观念的自由，也就是获得更多的意识。当你能够想你愿意想的东西，并且能够把你所想的东西说出来的时候，这是非常幸福的时候。"

通信监管在突发公共事件中的对策

近年来，我国突发公共事件频发，以自然灾害、事故灾难、公共卫生事件和社会安全事件为代表的各种突发情况随着互联网、手机短信迅速传播，其中混杂了大量谣言，往往让人真假难辨。政府部门，特别是电信管理机构有必要采取一系列行之有效的措施，一方面，帮助百姓及时获得正确的、有价值的信息；另一方面，遏制有害信息的传播，维护社会的稳定。

通信管制系非常规手段

所谓突发公共事件是指突然发生，造成或者可能造成重大人员伤亡、财产损失、生态环境破坏和严重社会危害，危及公共安全的紧急事件。根据突发公共事件的发生过程、性质和机理，突发公共事件主要分为自然灾害、事故灾难、公共卫生事件和社会安全事件。

2006年，我国颁布了《国家突发公共事件总体应急预案》，之后，各地、各部门也推出了自己的应急预案。一般而言，按照突发公共事件的性质、严重程度、影响范围和可控性，将各类突发公共事件划分为四个等级：特别重大突发公共事件（Ⅰ级）、重大突发公共事件（Ⅱ级）、较大突发公共事件（Ⅲ级）、一般突发公共事件（Ⅳ级）。当各类突发公共事件来临时，各地各级政府虽然能够及时启动各类应急预案，但是，在铺天盖地的网络谣言面前，往往显得束手无策，尤其当电信网络中存在攻击本地领导、号召群众聚集的信息时，要求对本地通信进行管制就成了首选举措。

然而，通信管制乃非常之举，不能轻易使用。首先，通信自由是宪法和法律赋予公民的权力，非经法定程序不能剥夺与限制，更不能因地方领导个人因素而滥用。其次，通信管制对于百姓生活的影响巨大，很容易在突发事件处理过程中造成不可预测的新危机。最后，目前各地的通信管制主要以领导拍板为主，缺乏量化依据，更缺乏事中动态评估和事后反馈。

网络信息安全的指数化管理

当前，中国各类公共事件应急预案大同小异，多以定性为主，少有定量分析和指数化研究。为了应对当前趋于常态化的通信管制难题，应当在电信业建立指数化管理的体系。电信网络信息安全包括网络安全与信息安全两方面的内容。网络信息安全指数就是网络安全与信息安全的监测内容数字化、指标化，通过直观的方式为执政者决策提供支持。

我国基础电信业务经营者传输的数据主要有互联网与手机之间的短信息、手机到手机的短信息、互联网信息。各种信息内容十分丰富、庞杂，有价值的信息很容易淹没在众多的消息来源之中。因此，构建网络信息安全指数需要从海量数据中进行适当筛选，并提出简易的公式。

出于当前我国网络信息安全体制的实际情况和可操作性的考虑，在这个指数建立的初期，可以采取简单相加再取权重的方法，系数可以根据取常态化，如a=b=c=1；也可以根据实际情况或领导要求采取不同权重，体现各类信息重要性之不同。但是，在一定时期内，考虑对比性的要求，系数应当固定不变。

网络信息安全的指数构成

网络信息安全指数公式： $W=aX+bY+cZ$

$X=e+f+g+\cdots\cdots$

$Y=m+n+\cdots\cdots$

X代表信息安全指数

Y代表网络安全信息指数

Z代表网络安全事件指数

a代表网络信息安全内容的权重

b代表网络安全信息内容的权重

c代表网络安全事件数量的权重

e代表互联网与手机之间的有害短信息数量

f代表手机到手机的有害短信息数量

g代表互联网有害信息的数量

m代表木马的数量

n代表病毒的数量

网络信息安全指数（*W*）由三个子项构成，分别是*X*（信息安全指数），*Y*(网络安全信息指数)，*Z*（网络安全事件指数）。这三个指数可以分别显示一定内容。例如在“七五”期间，*X*的值可能比较大；在某一个病毒爆发的时期，*Y*的值比较大；在世博会期间，攻击各种网站的事件比较多，*Z*的值可能比较大。可以利用这三个指数分别发布预警，针对某一领域进行干预，方法同上。

在此基础上，可以根据实际情况，设定W的临界点t和果断处置点u,$u>t$。

当$W<t$时，电信管理机构可以通知有关部门，网络处于安全状态。

当$W\geqslant t$时，应当提出“黄色”警报，提示有关部门，网络已出现可能威胁到社会安全的情况，需要密切注意。

当$W\geqslant u$时，应当提出“红色”警报，提示有关部门，网络中已出现严重危害社会稳定，甚至引发社会动荡的情况，建议依法采取临时封网、阻断通信等果断措施。

电信管理机构可以根据数量情况对W等指数进行数学分析，如线性回归，多元方程等。从而建立对网络信息安全的预测和评价体系。

健全动态的电信网络信息安全管理体系

第一，充分利用现有的ICP/IP地址信息管理系统和行政许可制度，整合各类电信服务提供者的主体信息，在公共危机事件中能够及时发现有害信息传播源头。

第二，严格互联网接入服务管理，规范主机托管、虚拟主机等业务市场，对违规从事网上业务或传播有害信息的境内网站，坚决依法查处，建立和完善净化网络环境的长效机制和动态惩处机制。

第三，建设网络信息安全技术平台，有效监测互联网有害信息和公共有害短信息，增加数据样本的数量；加强软件开发，提高数据整合力度，对突发公共事件能够做到早发现、早预警、早处置。

第四，加强与有关部门的协调配合，充分发挥互联网协会等社会中介组织的作用，要在鼓励发展信息服务的同时，明确信息服务提供者的信息安全保障责任，强化行业自律和社会监督。

总之，随着各类突发公共事件频繁发生，单纯的通信管制已经远远落后于时代要求和人民期望，必须加快建立法律规范、行政监管、行业自律、技术保障相结合的电信监管体制，进行量化管理，才能妥善应对复杂的危机情况。

“小灵通退市”需处理好三大法律关系

在前面的文章中，谈了一些大数据业务的应用，也谈了在移动互联网如何订立合同的问题。随着网络技术和业务的更新换代加速，业务退出是市场选择的必然结果。作为监管者，更关心的是用户利益如何保护。这里，以“小灵通退市”为例，阐述一些业务退出时应注意的事项。

工业和信息化部明确要求所有1900–1920MHz频段无线接入系统应在2011年底前完成清频退网工作，以确保不对1880–1900MHz频段TD–SCDMA系统产生有害干扰，其所用频率无条件收回，这就意味着已经发展十余年的“小灵通”将从中国电信市场上消失。作好小灵通退市的工作，采取有效措施防范和规避各种法律风险，是当前各基础电信业务经营者必须面对的课题。基础电信业务经营者除了要面对设备淘汰、人员转岗等内部问题，更重要的是必须处理好与客户、代理商和增值电信服务商的关系，这不仅关系到退市能否平稳、顺利完成，更关系到企业的长远利益。

作好用户善后工作，维护企业合法权益

一般而言，基础电信业务经营者与其客户之间为电信服务合同关系，这里的小灵通退市主要涉及合同终止问题。终止合同的方式有三种，一是协商终止，依据《合同法》规定，当事人协商一致，可以终止合同；二是基础电信业务经营者行使终止权，依《电信服务规范》第八条的要求，基础电信业务经营者停止经营某种业务时，应提前三十日通知所涉及用户，并妥善做好用户善后工作；三是基础电信业务经营者根据用户的申请停止小灵通业务，但是不包括与用户之间存在其他业务。

在终止业务的过程中，基础电信业务经营者应当积极追讨欠费，维护企业正当权益，若任由欠费不断增加，则根据合同法规定，不得就扩大的损失要求赔偿。同时，各企业应当避免迟延主张权利而丧失胜诉权。在实践中，我们经常发现，有的企业因为自身工作环节上的缺陷，对欠费问题反应不及时，甚至在欠费发生数年都没有向债务人主张债权。而我国《民法通则》规定，向人民法院请求保护民事权利的诉讼时效期间为二年，超过诉讼时效的，当事人即使有诉权，即可以提起诉讼，也丧失了胜诉权。

各基础电信业务经营者目前已都取得移动电话经营资格，并陆续开始吸收新用户入网的工作，在小灵通退市的过程中，会鼓励用户转入自己的3G网络，而这恰恰是落实“实名制”的大好时机。企业应当认真对用户材料进行受理审核，加强对用户原始资料的核查力度，并及时更新，尤其对经常拖欠费用的用户特别予以重视；为确保每位用户办理业务时手续齐全，资料完整、真实，应切实加强对营业人员的业务培训，要求他们在熟练掌握业务操作规范的基础上，还要具有一定的法律意识和法律知识，提高工作责任心，最大限度地减少工作失误，从源头上杜绝因用户资料失真所带来的影响。

严格约束代理商，防止不法分子浑水摸鱼

电信代理商是在20世纪80年代末、90年代初发展起来的，为各基础电信业务经营者拓展市场，降低营销成本做出了贡献，但是一些不法代理商无视国家法律法规，从事非法的复代理、无权代理的行为，给基础电信业务经营者造成各种不良影响。在小灵通退出市场的过程中，各企业应采取有效措施，防止代理商获取非法利益。

所谓复代理是指代理人为处理其权限内之行为全部或一部，以自己之名义，所选任被代理人之代理，也叫再代理、次代理。《民法通则》第六十八条规定："委托代理人为被代理人的利益需要转托他人代理的，应当事先取得被代理人的同意。事先没有取得被代理人同意的，应当在事后及时告诉被代理人，如果被代理人不同意，由代理人对自己所转托的人的行为负民事责任，但在紧急情况下，为了保护被代理人的利益而转托他人代理的除外。"《合同法》第四百条规定："受托人应当亲自处理委托事务。经委托人同意，受托人可以转委托。转委托经同意的，委托人可以就委托事务直接指示转委托的第三人，受托人仅就第三人的选任及其对第三人的指示承担责任。转委托未经同意的，受托人应当对转委托的第三人的行为承担责任，但在紧急情况下受托人为维护委托人的利益需要转委托的除外。"在小灵通业务领域，复代理行为一般分为两种，一是代理商转委托他人销售预付费电信卡的行为，二是代理商转委托他人销售后付费电信卡的代理行为。在前一种情况下，因为预付费电信卡记载了电信费用（标的）、使用时间等必要信息，网络用户在购买此类卡后，虽未向发卡的基础电信业务经营者提供网络用户的资料，但不影响其与发卡企业形成事实上的电信服务合

同关系；同时，基础电信业务经营者在与代理商签订的代理协议中，大多事先一次性授权代理商可以发展下一级代理商，即允许其实施复代理行为，所以，基础电信业务经营者可以对此类行为予以追认。在后一种情况下，由于后付费卡以信用为基础，需要用户的详细资料，否则企业无法向用户——合同相对人——收取费用，故基础电信业务经营者可以要求代理商转委托他人销售此类卡必须经过自己同意，否则，在用户登记的用户资料存在虚假、缺失等情况时，容易形成大量的欠费，造成自身利益受损。数年来，小灵通发展经历了“机卡合一”到“机卡分离”的转变过程，涉及的电信卡花样繁多，代理商数量庞大，因此，基础电信业务经营者在这次退市过程中，需要认真梳理卡类销售流程，对于不同类型的电信卡用户采取不同的政策，尤其要密切监测后付费用户的消费情况；约束代理商的行为，要求其提供完整、准确的用户信息，对非法的复代理行为，可以不予追认。

无权代理是指行为人在没有取得代理权的情况下以他人的名义实施的民事行为。在电信领域，代理商的无权代理表现为三种情况：没有代理权的代理，如小贩在路边销售电话卡的行为；越权代理，如代理商在销售电话卡时，推销IP电话或宽带绑定业务；代理权终止后又进行的代理，如基础电信业务经营者撤销代理商资格，代理协议有效期届满，代理事务完成或附解除条件，原代理人仍以基础电信业务经营者的名义实施民事行为。一般而言，基础电信业务经营者对于无权代理，有权予以追认或拒绝；未经被代理人追认的行为，对被代理人不发生效力，由行为人承担责任。在小灵通退市期间，一些不法代理商会以此为借口，以欺诈等方式继续向用户推销该业务，以来消化自身囤积的终端和电信卡，对此，基础电信业务经营者应当予以高度重视，适时监测市场上的小灵通销售情况，以合理价格积极回收代理商手中的剩余商品，及时向通信监管、公安、工商等部门举报此类非法行为；对于受骗上当的用户应当予以妥善处理，防止出现影响企业声誉的情况。

妥善处理与增值电信服务商的关系，维持良好伙伴关系

小灵通作为固定电话的有效延伸和补充，经过几年的发展，已经可以提供多种电信增值服务，众多的增值电信服务商从中受益。随着国家出台终止小灵通业务的政策，靠此业务为生的增值电信服务商必然受到影响，基础电信业务经营者有必要采取应对策略来调整与这些合作伙伴的关系。

在大多数情况下，在基础电信业务经营者与增值电信服务商签订的合同中有“因国家政策调整而终止协议”的条款，因此，基础电信业务经营者有权提出终止或变更合同的请求。合同终止前，基础电信业务经营者应当积极向增值电信服务商主张权利，督促其履行应尽义务，尤其是对用户承担的赔偿责任；在合同终止后，双方尚未履行的义务，终止履行，但是这并不影响合同中结算和清理条款的效力，如向增值电信服务商结算信息服务费，终止设备运行等。

根据目前的经济形势和政策调整可能对中小增值电信服务商产生的影响，基础电信业务经营者可以根据业务量，将收取用户的通信费给予增值电信服务商一定比例的折扣或返还；在此基础上加强风险管控工作，借助电信管理机构、银行、协会等各方面的力量对增值电信服务商进行资信评估，有目标地筛选一些优秀增值电信服务商，主动采取动态的利润分成模式，使那些业务流量大、受到用户欢迎的企业在利润分成中获得更多的收益，从而充分调动其积极性，为用户提供更优质的增值电信服务。为了自身的长远发展，基础电信业务经营者还应对优秀增值电信服务商积极开放自身拥有的优势资源，如先进的IDC 中心、媒体传播平台以及完善的运营支撑体系、客户管理和收费渠道、市场推广渠道等，为各类增值电信服务商提供公平接入、功能强大的数据网络和宽带网络，与其进行深度合作。

从消费环境看，随着信息技术的不断升级，新的信息产品和服务不断涌现。收发电子邮件、信息查询与浏览、网络文件传输、网络聊天、游戏娱乐、撰写微博等一系列网络活动已与居民的日常生活密不可分；远程教育、电子商务等由互联网催生的信息服务消费热点不断兴起；由政府主导的信息港建设和信息高速公路的提速，使居民获取信息的渠道进一步拓宽，网络成为继广播、电视、报纸之后居民了解信息的第四大“媒体”。社会信息化进程的稳步推进，将极大丰富居民可获取的信息资源，进而拉动居民网络消费的快速增长；同时，业务的更新换代也为用户带来了不必要的风险，参照上述小灵通退市需要注意的问题，网络服务商应当未雨绸缪，做好相关工作，切实保护用户的合法权益。

建立客户诚信系统 促进电信行业健康发展

信用，是市场经济的根本；在网络世界中，信息消费交易双方更是以信任作为基础。从国家政策分析，积极发展网络购物等新型消费业态，促进信息消费潜力的释放，将是今后国家积极培育的新的消费热点。为此，中国共产党的十七届六中全会提出，“把诚信建设摆在突出位置，抓紧建立健全覆盖全社会的征信系统”；之后，国务院常务会议进一步提出要推进行业信用建设。2013年8月，国务院出台的《关于促进信息消费扩大内需的若干意见》指出，“推进国家基础数据库、金融信用信息基础数据库等数据库的协同，支持社会信用体系建设”。这就为电信、互联网行业建立用户信用体系提供了一个千载难逢的契机。

当前用户的失信问题相当突出

社会舆论在猛烈批评电信、互联网行业所谓“霸王条款”的时候，往往忽视了网络用户的失信问题，这一问题业已成为业界的一大顽疾。

首先，用户的欠费现象普遍存在，成本很低。由于缺乏不良信用记录的机制，一些用户在一家网络服务商欠费后，照样能在企业消费，而无须提供保证金、抵押物等担保，这与银行业严密的不良信用记录制度有着天壤之别。

其次，网络服务商为了方便消费者，采取了诸如“节假日不停机”、“通话中不停机”等优惠措施；一部分消费者则利用企业在上述措施中管理环节的疏漏，恶意逃避，使企业蒙受不必要的经济损失。特别在取消入网费以后，类似的欠费行为已经使基础电信业务经营者呆坏账比例增加、企业利润不实、资产流失严重。

最后，个别违法犯罪分子采取多样化手段侵害企业合法利益，如盗用他人电子密码、密钥，伪造身份证注册或上网消费，伪造、变造电信卡盗打公用电话。对于这些人的行为，网络服务商无法要求其及时、有效地赔偿，更无法阻止其继续使用各类电信业务，从而使企业的经营风险成倍增加。

奖惩并举才能解决失信问题

从管理学角度看，“正强化”和“负强化”结合在一起，方能发挥管理制度的最佳效能。在建立网络用户信用体系时，应通过诚信系统和失信惩戒机制等两个途径，双管齐下，取得实实在在的效果。

网络用户诚信系统建设可以从“白”、“黑”两方面入手。一方面，实行网络用户“白名单”制度，即网络用户可以通过“好人举手规则”，成为“白名单”中的成员，在承诺不拖欠费用、不违反法律规定上传各种信息等相关义务的同时，享受更多的优惠，诸如话费返还、礼品赠送、机场VIP服务等。另一方面，建立网络用户“黑名单”，把恶意欠费、利用电信业从事违法犯罪活动、滥用申诉受理制度、恶意缠诉的用户纳入黑名单之中；对于这些人申请办理电信业务的，基础电信业务经营者有权从严审批，通过诚信记录对其资信情况进行甄别，区别对待。

与此同时，构建失信惩戒机制，用以解决失信行为几乎不受成本约束的难题。在这一机制下，根据网络用户诚信系统的记录，有关政府部门和企业可以对失信用户的进行行政性惩戒，或经济制裁，必要时可以借助司法机关的力量予以惩处。主要方法包括：电信管理机构有权记录和公示严重失信的用户，通过大众媒介进行传播，使失信者一处失信，处处受制约；基础电信业务经营者对于存有不良信用记录的用户可以要求其提供额外的担保，延期办理或不予办理；对于恶意欠费等失信用户，基础电信业务经营者可以请求法院予以强制执行。

电信管理机构应当有所作为

作为行业监管者，各级电信管理机构在建立和运行电信、互联网行业用户诚信体系上可以大有作为。

第一，进一步建立健全电信和互联网法制，通过立法方式加强电信行业的诚信制度建设。在未来的《电信法》中，可以根据中央会议的精神，参照《征信管理条例》及配套制度的规定，制定网络用户信用信息标准和技术规范，建立异议处理、投诉办理和侵权责任追究制度；明确规定在诚信系统和失信惩戒机制下各方的权利义务。

第二，应当在建立信息共享机制，在行业内对失信用户的信息进行分享，并于其他行业的信用体系相衔接，对个别用户对基础电信业务经营者的失信转化为对全社会的失信，从而形成对失信行为的震慑力量。

第三，帮助网络用户提高信用水平，及时接受被失信惩戒机制处罚用户的投诉和申辩，纠正记录错误和帮助失信用户修复信用，从而从根本上改善信用环境。

第四，推动建立健全网络服务商法人治理结构，促进企业风险防控机制的完善，防止因授信不当以及因客户违约而发生信用风险，引导企业把现代信用理论和方法引入企业经营管理之中。

第五，大力培养全行业诚信意识，加强在广大网络用户中的诚信教育，普及信用文化和知识，强化责任、激励和约束，确立“人无信不立”的理念，不断提高网络用户的思想道德素质，从而带动国家竞争力的提升。

总之，电信、互联网行业应高度重视诚信和信用体系建设，通过完善制度、加强教育，努力营造诚实、自律、守信、互信的社会信用环境，使诚实守信者得到保护、作假失信者受到惩戒，为社会主义经济、政治、文化、社会的改革和发展提供良好的道德保障。

正义，不是来自国王的恩赐，而是公民自身的权力。

——《大宪章》

当电信服务遭遇“3.15”……——电信服务仲裁制度刍议

上文中，我们谈了如何建立用户诚信系统的问题，这是市场诚信体系的一个方面，因为我们不能顾此失彼，对于用户权益的保障也应提升到一定高度。

近年来，电信用户与网络服务商之间的纠纷呈逐年上升趋势。虽然我国电信管理机构以电信用户申诉受理制度为基础做了大量工作，但是群体性事件、共同诉讼仍频发；每逢“3·15”国际消费者权益保护日，各级各类媒体以曝光电信行业投诉为能事；一些群众因迁怒于政府而把电信管理机构告上法庭，使民事纠纷变成行政诉讼，将事态复杂化，甚至被别有用心的人利用。因此，探寻一条解决电信用户与网络服务商之间争议的新途径已成为当务之急。

当前电信服务争议处理制度面临的困境

1、电信用户分不清申诉受理程序与信访程序

电信管理机构受理电信用户投诉一般分为两个渠道，一是依据《电信条例》、《电信用户申诉受理办法》等法规、规章确立的电信用户申诉处理程序，另一个是信访程序。

从法律规定上看，两者泾渭分明。就电信用户申诉处理程序而言，《电信条例》明确规定，如果电信业务经营者拒不解决电信用户的投诉或者电信用户对解决结果不满意的，电信用户有权向电信管理机构申诉，电信管理机构应当在法定时限内作出答复；《电信用户申诉受理办法》进一步规定，电信管理机构可以根据本地实际情况设立电信用户申诉受理机构，电信用户申诉受理机构受电信管理机构委托并在其监督指导下开展电信用户申诉受理工作，并就受理、办理、调解等程序进行了细化，从而形成一整套完整的处理工作流程；从性质上讲，电信管理机构依据上述规定作出的行为是行政行为，电信用户（申诉人）可以就此向人民法院提起诉讼。就信访程序而言，《信访条例》要求包括电信管理机构在内各行政机关应当确定信访工作机构或者人员，按照法定程序，认真处理信访事项，努力为人民服务；而信访人不能就各类行政机关就信访事项作出的行为提起诉讼。

但是，一些电信用户不是非常清楚上述规定，认为自己只要打一个电话过去，无论对方接电话的人属于电信用户申诉受理中心，还是受理信访事项的机构，都是代表政府处理自己的申诉事项；一旦不满电信管理机构的处理结果，就以电信管理机构侵害自身权利为由，依据《行政诉讼法》向人民法院提起诉讼，而一些基层人民法院的工作人员缺乏对电信行业法律、法规的了解，就轻率立案，

使电信管理机构无奈成为被告。于是，电信用户申诉处理程序与信访程序纠缠在一起，降低了电信服务监管工作的效能。

2、申诉受理制度下的达成调解协议无约束力

《电信用户申诉受理办法》规定，“申诉受理机构就所争议的事项对双方当事人进行调解，达成协议的，可以制作调解书，视为结案”。这种调解意见书没有任何法律约束力。一些电信用户虽然在调解书上签字，但仍然随意拒绝履行，或者向人民法院就争议事项提起民事诉讼，甚至将电信管理机构列为第三人。这些做法不仅使基础电信业务经营者的经营成本陡然增加，也使电信管理机构的大量工作变得徒劳无功，极大地挫伤了有关工作人员的积极性，降低了政府机构的威信和有关法律制度的公信力。

3、基础电信业务经营者的合法权益救济渠道相对较少

根据我国民法、《电信条例》等法律法规，电信用户与基础电信业务经营者产生争议后，可以通过三条途径对自己的权利进行救济：一是向基础电信业务经营者投诉，二是当基础电信业务经营者拒不解决或者对解决结果不满意时，向电信管理机构进行申诉；三是向人民法院起诉。然而，在现行电信服务管理制度下，虽然《电信条例》规定，基础电信业务经营者的利益受到电信用户侵犯时，可以直接向该用户主张权利，如追缴欠费和违约金等，或者依据民事诉讼法向人民法院提起诉讼；但是，没有提供企业一条向行政机关申诉的途径。实践中，向用户直接主张权利对“老赖”而言毫无意义；诉讼程序非常复杂，从时间上看十分漫长，从经营成本上看则耗费企业大量人力、物力、财力资源，往往得不偿失。

电信服务争议解决应另辟蹊径

电信服务争议是民事争议的一种表现形式。民事争议的解决途

径主要包括和解、调解、仲裁、诉讼。前两种方式虽然在实践中应用最广，但是由于其处理结果不具备法定约束力，往往不能得到真正落实；诉讼方式虽然具有司法权威性和约束力，但是由于其受到程序复杂、漫长，法院工作人员素质参差不齐等因素的制约，在一些效率要求高、专业性强的民事纠纷时，往往不能发挥很好的作用。

仲裁制度与上述方式相比，不仅具有一定权威性，而且体现出当事人之间的一种默契以及提倡专家断案的一种理念，已经成为现代市场经济环境中解决民事纠纷的一条有效途径。第一，仲裁制度倡导自愿原则，只有在争议双方都自愿接受的时候才能启动，可以因克服一方告诉而给另一方所带来的心理压力和抵触情绪。第二，仲裁员基本都具有较高素质，是本领域的专业人士，他们作出的裁决往往具有很强的权威性；第三，实行不公开审理，有利于保守当事人的隐私和商业秘密。第四，仲裁实行一裁终局制度，即裁决作出后即发生法律效力，即使当事人对裁决不服，也不能再就同一争议向法院起诉，也不能再向仲裁机构申请仲裁或复议；当事人对裁决应当自动履行，否则对方当事人有权申请人民法院强制执行；只有符合法律规定的撤销情形时，当事人才可依法向法院申请裁定撤销。第五，当事人在申请仲裁时需要预先交纳费用，没有类似诉讼中的法定减交、缓交、免交情形，有利于当事人履行裁决。

一般而言，电信服务争议恰恰具有专业性强的特点，需要法律、经济、技术专家参与解决；而且，此类争议的标的额普遍较低，当事双方都愿意在短时间内解决争议，因此，在电信服务管理制度中适当引入仲裁制度，将对处理电信服务争议起到良好的作用。

适时建立电信服务仲裁制度

随着我国电信业的快速发展，需要不断完善和创新各种法律制

度，为电信业保驾护航。现行电信服务争议处理制度亟需改进，笔者建议未来的电信法建立电信服务仲裁制度，主要包括以下几方面内容：

第一，确定适合该制度的争议范围，规定基础电信业务经营者和电信用户之间发生的合同纠纷和其他财产权益纠纷，可以裁决；在保留原有关于服务标准和资费问题的基础上，应当增加基础电信业务经营者竞争行为和联合行动对用户产生的影响，但排除与人身关系密切相关的内容。

第二，赋予监管机构对电信用户和基础电信业务经营者之间居中裁判的权力。电信管理机构应当成立专门的裁判部门，保证人员编制、经费来源，三分之二以上组成人员应为电信技术、经济、法律方面的专家，采取“自由心证”的方式，其权力应当不受其他任何行政机关、社会团体和个人的干涉。

第三，规定电信服务行政裁决程序启动可以依照依基础电信业务经营者和电信用户之间的协议，该协议可以在争议产生前或产生后签订；允许当事人、电信用户的法定代理人委托律师和其他代理人进行裁决活动。程序启动后，申请人经书面通知，无正当理由不参与裁决或者未经电信管理机构许可中途退出的，可以视为撤回裁决申请；被申请人经书面通知，无正当理由不参与裁决或者未经电信管理机构许可中途退出的，可以缺席裁决。

第四，规定电信管理机构裁决的效力，实行“一裁终局”的制度。电信管理机构依法作出的裁决书自作出之日起发生法律效力。裁决作出后，当事人就同一纠纷再申请仲裁或者向人民法院起诉的，电信管理机构或者人民法院不予受理。当事人一方拒绝履行裁决或不起诉的，另一方当事人可以依法向人民法院申请强制执行，也可以要求作出裁决的电信管理机构向法院申请强制执行。

第五，根据行政效率的原则，法律应当限制案件处理的时限，要求电信管理机构在受到申请7个自然日内做出立案与不立案的决定，在立案后20个自然日内作出调解书或裁决，并且不能因举证、鉴定等任何原因而拖延。

此外，在电信服务仲裁制度中，举证责任、期限、时效等规定可以参照民事诉讼的规则。

可见，电信、互联网行业的发展离不开制度的创新，技术进步无法取代体制进步，没有体制、机制的创新就无法适应时代的要求，因此，破解现实中的难题必须依靠法律制度的进步来实现。

结束语："大数据"时代，监管之路漫漫

大数据的意义不仅在于技术创新，更在于业务种类的极大丰富；电信和互联网监管是公共管理的一个分支，技术在进步，管理也要相应进步。中国工程院副院长、互联网协会理事长邬贺铨指出，"互联网产生了大数据，移动互联网和物联网进一步推动数据的暴涨，大数据促进了信息融合和产业跨界结合，进而引发更多新的服务业态出现，大数据是对整个行业乃至国家创新能力的一次大考。"

大数据价值堪比石油

大数据有多值钱？2013年互联网大会上，业内给出的保守数字是：大数据所形成的市场规模已超过50亿美金，而到2017年，将膨胀到530亿美金。

通过大数据，企业能猜测到用户消费偏好，并为用户提供更贴心的服务。亚马逊已经实现了这个功能。随着互联网、云计算、移动互联网和物联网的迅猛发展，市场营销活动中利用大数据分析实现商务智能的方式日益受到重视。未来大数据市场在社会中的地位

和作用也将发生深刻变化。艾瑞咨询分析认为，短期来看，随着大数据市场受关注度的提升和数据处理技术的进步，市场规模逐步扩大。中期来看，2015年前后，大数据将在企业中广泛应用，激烈的竞争和合作将推动业界格局的变化。长期来看，2017年前后，市场趋于成熟，增速放缓。基于云技术的大数据有望运用在城市基础设施建设等领域，从而实现社会成本的降低和优化利用。

当前数据已经渗透到每个行业和业务职能领域，逐渐成为重要的生产因素。大数据将推动生产力发展和创新，对于海量数据的运用将预示着新一波生产力增长和消费者盈余浪潮的到来。在全球已经全面进入信息时代的今天，数据已经成为与水、石油、天然气同等重要的国家战略资源。全球著名的调查公司麦肯锡在最近的研究报告中指出，通过挖掘海量数据，公司的决策、运行会建立在更加科学的基础上，失误更少，效率更高。对于政府而言，大数据技术可以提高政府决策效率、危机应对能力和公共服务水平，建设更高水平的智慧政府。

一个实例就是，2008年美国大选奥巴马胜选的原因不在于经济、外交政策或是解决妇女问题而是赢在大数据。通过对多个数据点和大量的计算机建模进行深度统计分析，美国Five Thirty Eight博客的博主Nate Silver预测称，奥巴马有80%以上的几率战胜其他的竞争对手。因为奥巴马的竞选对手无法看到他所能够看到的东西。他们所看到的全部只是一场貌似不分胜负的竞选活动。事实证明他的预测结果几乎完全正确。

安全方显价值

大数据时代，安全和业务数据相结合能够带来巨大的价值。据Gartner公司预测，到2016年，40%的企业（以银行、保险、医药和国防行业为主）将积极对至少10TB数据进行分析，以找出潜在的危险。专业人士已经发现如果大量数据集中在一地，那么将有机会利用这些数据来达到提高收益的目的。随着数据量滚雪球般增加，也出现了利用这些数据增值的机会。这对企业来说具有革命性的意义，它让企业更多地了解自己的客户，了解他们如何享用其服务，以及企业业务总体运行情况。

不过，从安全的角度考虑，这种转变的影响也有负面的。一方面将所有的数据都存储在同一个地方，这使得保护数据会变得更加简单；另一方面也方便了黑客，他们的目标变得更有诱惑力。

安全风险主要体现在以下几个方面：大数据更加容易成为网络攻击的显著目标，大数据中数据量比较大，它的信息量也比较大，而且成本比较低，所以黑客更加乐意去攻击；大数据中加大了隐私泄露的风险；大数据对于现有的存储和防范措施可能提出新的挑战，同时，大数据分析技术也容易被黑客利用继续攻击；大数据可能成为高级可持续的载体。

IBM Guardium副总裁兼首席技术官Ron Ben Natan表示，大数据时代缔造的全新数据平台为企业提供了更多潜在的机遇，也同时为信息安全治理带来了前所未有的挑战——更真实、可信的数据亟待判断；更多、更严重的安全和合规性问题亟待解决。

面对大数据时代的安全新挑战，提早应对是明智之举。除了加强国际沟通与交流，借鉴西方发达国家的先进做法，政府与企业还应当加强合作与共享，各负其责，并做好对用户的教育。

加强立法，保护个人隐私安全。面对技术进步以及信息呈几何级数增长，一方面，立法部门需要使法律更加具体和细化，其反应机制也应该越来越快，为监管部门提供及时有效的监管依据；另一方面，需要借鉴他国立法经验，以及各国政府之间的合作，共同保护信息安全。

政府监管紧跟技术发展。技术日新月异，政府监管的步伐不可能快过技术的发展，但如果某款软件出问题，相关部门应该迅速介入，然后依法对其进行调查、处罚。美国政府也对街景等应用进行调查，限制谷歌收集更多数据以制衡谷歌。

企业更新技术手段，应对新挑战。为帮助企业全面应对大数据带来的信息安全挑战，IBM近日通过一套完整的安全管理框架体系为企业提供智能化、集成化与专家化的产品与服务，并在全球范围内成立信息安全相关机构，包括：安全事件处理中心、信息安全研究院、安全解决方案开发中心、信息高级研究院。

加强行业自律。互联网行业要制定规范，加强自律，主动强化管理，保护用户的个人信息。为保护用户隐私，Facebook专门设立了首席隐私官。谷歌和美国政府就数据利用问题产生了多次冲突。美国政府以各种理由不断要求谷歌提供用户数据并时常遭到谷歌拒绝。

提高用户安全意识。保护个人数据安全事关互联网厂商和用户双方，涉及个人重要数据传输，比如登录个人网银，如果个人对这个软件没有把握，就要慎用。

发表论文和参加科研情况说明

[1]我国网络信息安全立法现状分析，人民邮电报，2005年5月26日第3版.

[2]如何有效监管即时通信，人民邮电报，2006年9月19日，第4版.

[3]“二次确认”符合合同法的精神实质，人民邮电报，2006年10月18日，第4版.

[4]电信领域“盗窃”行为不能笼统以盗窃罪论处，通信世界，2006年第6期.

[5]提高服务质量，避免双倍返还，通信世界，2006年第9期.

[6]“博客”实名制能否带动网络实名制？——从“中国博客第一案”看实施互联网实名制的必要性，2007年1月10日，第4版.

[7]利用《物权法》解决“最后一公里”难题，通信世界，2007年第14期.

[8]认真学习“物权法”，促进电信业发展，人民邮电报，2007年4月5日，第4版.

[9]消除基础电信业务经营者和消费者之间的误解，通信世界，2007年第24期.

[10]反垄断法：电信监管的新依据，人民邮电报，2007年10月11日第4版.

[11]电信业务创新遭遇“智猪博弈”难题政府应如何作为，通信世界，2007年第27期（合著）.

[12]监管P2P下载技术 严厉打击网络色情，人民邮电报，2008年4月8日第4版.

[13]电信行业，为什么受伤的总是你？——电信业公共关系危机管理刍议，通信企业管理，2010年第3期.

[14]强化电信监管 遏制网络色情，中国电信业，2010年第3期.

[15]“私服江湖”谁做主——区域互联网安全危机管理机制刍议，在中国科技法学会2009年年会暨全国科技法制建设与产学研合作创新论坛上宣读，并入选论文集.

[16]“向左走，向右走？”——浅谈地方电信管理机构的职能与角色定位，人民邮电报，2009年6月9日第4版.

[17]反垄断法——电信监管的新手段，人民邮电报，2007年10月10日第4版.

[18]构建和谐的中国电信监管机制刍议，第六届天津青年科技论坛论文集，2008年8月第1版.

[19] 复制“自己的”号码该当何罪——从一个“烧号”案件谈起，通信世界，2006年第3期.

[20]“人肉搜索”：互联网监管的新领域，人民邮电报，2008年9月23日第4版.

[21] 警惕“网络水军”，获天津市互联网协会“天津互联网15

年”征文活动“优秀奖”.

[22] 电信领域“盗窃”行为不能笼统以盗窃罪论处，通信世界，2006年第6期.

[23] 在突发公共事件中的通信监管对策，中国电信业，2012年第9期.

[24] 微博需要实名制，中国电信业，2012年第4期.

[25] 用侵权责任法“把脉”电信行业，2010年第8期.

附录一：中国电信监管体制的发展历程

第一阶段（1998年以前）：从政企合一到逐步放松

新中国成立以后，国家高度重视电信事业的发展，通过邮电部对全国的邮政和电信实施管理，各省、自治区、直辖市邮电管理局则对本行政区域内的邮政和电信实施管理，形成中央政府与地方政府两级管理体制。这一阶段，我国电信管理体制的特点是管理机构“政企合一”，各级邮电管理局既实施行政管理，又经营邮电业务。电信业处于国家的严格控制之下，网络建设、业务发展都由邮电部以及各省邮电管理局统一管理，对网络运行实行集中指挥和调度，利润由邮电部统一分配。因此可以说，当时在我国不存在现代意义上的电信监管体制。

尽管自20世纪80年代起，我国电信业取得了长足进步，但是垄断经营体制束缚了行业持续发展。为了改变这种局面，于是1993年国务院批转邮电报“关于进一步加强电信业务管理的通知”（国发【1993】55号），向社会放开经营的部分电信业务：无线电寻呼业务；800 MHz（兆赫）集群电话业务；450 MHz（兆赫）无线电移动通信业务；国内VSAT（甚小天线地球站）通信业务；电话信息服务业务；计算机信息服务业务；电子信箱业务；电子数据交换业务；可视图文业务等电信业务。由此，我国增值电信业务适度放开。1993年12月，国务院发布"国发【1993】178号"文件，同意由电力部、电子工业部、铁道部共同组建中国联合通信公司（简称"中国联通"），并允许该公司在全国范围内建设和运营蜂窝移动电话网络以及在公用固定电话网覆盖不到或容量不足的地区建立并经营本地和长途固定电话网。与此同时，邮电部将电信的企业职能从该部门中分离出来，成立了一个独立的法人公司——中国电信总公司（简称"中国电信"），由中国电信统一经营原邮电部管理下的电信业务。至此，我国在基础电信业务领域适度引入竞争机制，国内移动通信业务市场的竞争开始出现了，但是这种竞争并不充分，不能从根本上改变当时中国电信的垄断地位，也无法打破政企合一的电信监管体制。

第二阶段（1998—2008年）：现代意义的电信监管体制初步形成

上世纪80年代初，世界各国电信业发生了根本性变革：1984年美国AT&T公司解体预示着电信市场从垄断走向竞争；1996年美国电信法吹响了电信市场竞争的号角。1997年2月15日世界贸易组织通过了《基础电信协议》，并于1998年2月5日生效。据统计，在协议达成时签字的国家和地区有69个，占全球总数205个的33.7%，而这些占全球总数的1/3的签字国电信业总收入在全球电信业总收入占93%。全球电信市场的竞争势头迅猛发展。

面对这样的世界形势，国内电信业如果故步自封，后果将不堪设想。于是，中国政府采取一系列行之有效的措施加以应对。1998

年，邮电部作出了对寻呼专业进行公司化改制、实行专业化经营的决策，将无线寻呼业务从中国电信剥离，成立国信寻呼集团公司。同时，根据九届全国人大一次会议的决议精神，在邮电部、电子工业部的基础上组建信息产业部，将国家电信主干网建设与管理电信企业的职能交给信息产业部，并将广播电视部、中国航天总公司、中国航空总公司的通信管理部门并入信息产业部。原邮电部的邮政行业管理职能、邮政网络建设和经营管理的企业职能交给国家邮政总局来负责。由此，我国电信业实现了政企分开、邮电分离。

2000年，《电信条例》发布后，各省、自治区、直辖市通信管理局相继成立，在信息产业部的领导下对本行政区域内的电信业实施监管职能。在这种垂直集中统一的电信监管体制中，地方政府与通信管理局之间没有直接的领导关系，各地通信管理局更类似于信息产业部的派出机构，我国开始形成现代意义上的电信监管体制。2001年12月，我国正式加入世界贸易组织，签订了议定书和有关法律文件，其中包括承诺开放电信服务业的文件，电信业发展进入了一个新的阶段，也为政府职能转变提出新的要求。

第三阶段（2008年—）：新形势下履行政府职能的探索

1999年2月，国务院决定把中国电信一分为四，分别组成了中国电信集团公司、中国移动通信集团公司、中国卫星通信集团公司和中国寻呼通信集团公司（后并入中国联通）。2000年12月铁道通信信息有限责任公司成立，从事除移动通信外的多项基础电信业务和增值电信业务经营（2004 年1月20日，经国务院批准，由铁道部移交国有资产管理委员会管理，更名为“中国铁通集团有限公司”）。2001年11月，国务院再次对中国电信集团公司进行拆分：

南方部分保留“中国电信集团公司”名称，拥有“中国电信”品牌；北方部分与中国网络通信有限公司、吉通通信有限公司重组为中国网络通信集团有限公司。至此，中国电信业呈现了6家基础电信业务经营者共同竞争的新格局。

随着面对电信市场新局面，为了落实中国共产党第十七届中央委员会第二次全体会议《关于深化行政管理体制改革的意见》，国家对电信管理机构的职能进行了重新调整。2008年3月，第十一届全国人大一次会议通过了《国务院机构改革方案》，方案将信息产业部撤销，组建工业和信息化部则是国家战略层面上的要求，即用信息化手段推动工业化，从整体上加强工业化管理水平，走新型工业化发展的道路。按照国务院机构改革方案的说明，工业和信息化部的主要职责是，拟订并组织实施工业行业规划、产业政策和标准，监测工业行业日常运行，推动重大技术装备发展和自主创新，管理电信业，指导推进信息化建设，协调维护国家信息安全等。电信监管体制改革推进政府机构改革的一个重要内容，应当与之相协调、相配合，构建新型的电信监管体制，按照精简统一效能的原则，紧紧围绕职能转变和理顺职责关系，进一步优化政府组织结构，规范机构设置，探索大部门体制下的政府职能有机统一，完善行政运行机制。

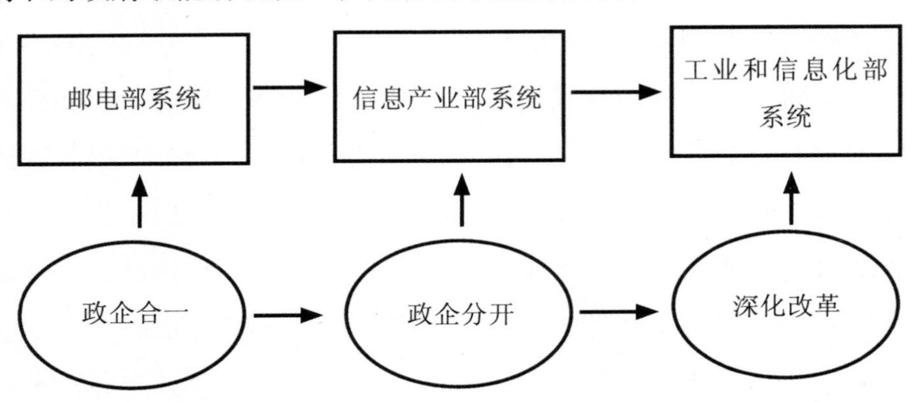

图1–1电信监管体制的变迁

此外，目前中国电信业还有一些中介机构参与监管工作，这主要有两种：一种是由电信管理机构授权的事业单位，如电信设备进网受理中心、邮电通信质量体系认证中心、通信行业技能鉴定中心、通信工程定额质量监督中心、网络用户申诉受理中心等；另一种是由企业、事业单位和相关组织及个人发起成立的行业自律的社团组织，如中国通信企业协会、中国互联网协会、中国通信协会等。这些中介机构有着官方和半官方背景，承担了部分公共管理的职能，为协调电信管理机构、电信业务经营者与网络用户之间的关系起到了很大的作用。但是，不可否认，这些中介机构从诞生之日起就有着定位不清的缺陷，在履行自身职能的时候往往不能真正做到为政府分忧、为企业、用户服务，有的个别中介机构工作人员甚至以此当作为个人牟利的工具。因此，在电信体制改革中，中介机构如何转换机制，实现自身价值也是需要认真探讨的。

附录二：外国电信监管体制情况与经验

一、国家电信监管体制概况

（一）美国

美国是一个联邦制国家，其国家管理权分散在联邦和州两个层次上。每个层次又根据“三权分立”的原则，由立法、司法和行政机构各自行使不同的权力。美国最高立法机关是国会，有关电信领域的法律必须经过其表决才能生效；同时，国会通过预算和人事任免（联邦通信委员会成员任命问题）也可以对电信监管施加影响。美国司法体系十分复杂，对于电信领域可以进行司法监督。美国联邦政府中主要有两个部门与电信政策制定有关，一是司法部的反托拉斯局，另一个是商业部的国家电信与信息管理局。前者依据反托拉斯法，防止一切反竞争的合并、定价和销售的行为，旨在促进和保护竞争，使消费者和企业受益；后者是美国总统关于电信事务的主要咨询机构，其主要职能是进行国际与国内电信政策研究，管理联邦政府使用的无线电频率，为其他政府机构提供电信与信息技术的支持，管理政府用与电信的政策性资助资金等，并通过向商业部部长提供电信政策咨询，影响总统对电信政策的看法。

美国电信监管体制最有特色之处是联邦通信委员会。该委员会成立于1934年，其前身是1927年成立的联邦广播委员会（FRC），成立当年接管了原属于州际贸易委员会的有关州际和国外电话和电报监管业务。这是一个5名委员组成的独立机构。其委员由总统提名，国会批准，除因重大过失遭受国会弹劾外，不受罢免；任期5年，每年更换1名，来自同一政党的委员不能超过3人。联邦通信委员是电信法的执行机关，根据电信法的授权独立行使电信监管职责，会兼有立法、司法和行政职能，是有关电信监管问题的最后决定者。有关方面（包括政府）如有异议，只能通过法庭裁决或修改法律解决；该委员会可以在电信法授权范围内，制订、发布实施办法，并且强制执行。其经费实际是从电信企业收取的频率占用费和业务经营许可费中支出的，但要事先上缴财政，再根据国会批准的预算拨付使用。

1996年，美国新电信法将制定本地电话竞争政策的职责交给了联邦通信委员会；1999年，该委员会提出了《21世纪战略计划》，认为随着通信市场竞争的加剧，将减少直接监管的需要，它应从一个行业监管者变成市场服务者。

（二）德国

1989年7月，德国实行了第一次邮电体制改革，制定了《联邦邮电管理局法》、《邮电企业改革法》、《邮电管制法》等。改革后，联邦邮电部（BMPT）仍然是政府部门，对整个邮电行业实行监督、协调和控制。在改革中，邮电部中增设了邮电总局（BAPT），取代了改革前的电信及邮政技术总局等五个机构。联邦邮电总局的四大任务是：处理和审批许可证、参与技术标准的制定和贯彻、具体分配无线电频率、主管劳保工作。

由于欧盟要求对电信服务的垄断必须在1997年12之前取消，1995年7月，原联邦邮电部（BMPT）提出了一部新的电信管理法案初稿，德国的新电信法（TKG）于1996年7月获准生效，新法批准德国可按欧盟制定的时间表，在1998年1月1日前结束电信垄断开放市场，不再限制电话市场准入，同时制定了新的竞争环境下电信市场的规则。1998年1月1日，成立德国电信管理局(RegTP)代替原来的邮电部，RegTP的监管目标主要涵盖如下四大领域：保证公平竞争；维持运营者之间的必要的技术合作，并防止歧视；监测经济和技术进步，促进市场增长和发展；保证普遍服务。

在1996 年颁布电信法之后，德国政府在2003 年10 月又提出一份新的电信法草案，目标是通过电信业竞争，最终在不同的利益方之间达到一个平衡。新的电信法于2004 年6月22日颁布实施。

为了适应日益复杂、国际化的电信市场，2003年欧盟颁布电信监管指令框架，标志欧盟各国电信监管进入新的阶段，在此框架指令的指导下，欧盟各国再根据自己的实际情况制定本国的电信法规。从2004年以来，德国电信管理机构RegTP(现在已经变为FNA)一直根据2004年电信法及欧盟有关原则进行市场监管。RegTP明确表示，通过对市场进行分析，实施SMP监管，即对11个零售市场和7个批发市场进行监管(欧盟原计划2005年对此18个市场划分进行重新讨论，但此计划被推迟了)。

同时，德国监管机构的改革也一直没有停止。德国希望形成一个统一的公共资源监管部门（包括通信、电视、石油、天然气等）。2005年7月13日，德国正式成立联邦网络管理局(FNA)，统一管理电信、电力、煤气等网络产业，从而取代了RegTP。FNA的主要任务是通过市场自由化和减少行政干预来为电信、电子产业等未来的发展提供支持。

（三）日本

日本电信业监管属于机关型监管体制，即电信监管权集中于作为国家机关的电信管理机构的体制。在这种体制下，电信管理机构既是政府组成部门，又是电信市场的监管主体，它集电信产业政策的制定、电信监管政策的确定和电信市场的监督和管理方面等诸多权力于一身，它不仅作为国家信息化政策的制定主体拟订全国的电信产业发展政策，拟订有关电信监管的规范性法律文件，而且自身又是本国电信政策和法律的执行者，对电信活动实施行政性的监督和管理。

在日本，电信监管权由政府组成部门总务省统一行使，总务大臣根据日本《电信事业法》（Telecommunications Business law）和其他相关法律的规定，代表总务省对全国的电信事业进行管理。总务省作为政府部门，不仅负责制定全国的电信产业发展政策和电信市场监管政策，还负责制定具体的电信监管规则；不仅负责电信政策和电信监管规则的订立，还负责电信政策和电信监管规则的推行，负责电信事业的监督和管理，对全国电信活动和电信事业者进行监督和管理。总务省有权根据法律的规定对电信活动和电信事业者实施监督和管理，并有权通过发布总务省令的方式确定具体的监管规则。2001年，日本修改《电信事业法》,对主导与非主导运营企业实行非对称监管，建立了有独立性和权威性的电信纠纷处理委员会。

（四）英国

英国是世界上老牌电信发达国家之一，经过20年左右，从完全垄断逐步走向开放的电信市场。20世纪80年代初，英国的邮政和电信还是统一由国有企业英国邮政垄断经营，C&W（Cable

&Wireless）主要经营海外业务。1981年邮电分营分别建立BT（英国电信公司）和Royal Mail（皇家邮政公司），同时成立Mercury通信公司，随后允许BT和Mercury各自经营建立固定网和基础电信业务，开始了"双寡头垄断市场"时期。1984年《电信法》出台，随之成立了相对独立的电信管理机构OFTEL（电信监管办公室）。1985年向Cellnet和Racal-Vadafone发放经营蜂窝电信网的许可证，英国移动通信市场上出现了相互竞争的两个主体。1987年开放增值数据业务。1991年有线电视运营商（CATV）进入电信市场，随后电信市场逐渐向其他网络运营商开放。1997年出台新的资费政策，资费监管覆盖范围大大减小。

2003年7月17日，英国议会批准了通信法草案，从而产生了《2003年通信法》。该法取代了1984年的《电信法》，成为通信业监管的根本性法律文件，可以说是英国电信业改革历程上的一个里程碑。新《通信法》一个重要内容是确定了OFCOM（通信监管办公室），替代现有的五家相关行业的监管机构（包括独立电视委员会ITC、广播标准委员会BSC、电信监管办公室OFTEL、无线监管局RAu和无线通信局RA）。可见，英国在监管方面的改革是要适应未来通信技术发展的需要，适合三网融合的需要。从OFCOM的使命和原则来看，新的电信监管侧重对消费者利益的保护，鼓励新技术的应用，促进竞争和投资。其次，从机构设置、资金、权利与责任等各方面都强调了监管机构的相对独立性和透明性，重要的是OFCOM的监管决定还要受到司法机构的审查。除此以外，新通信法在许可证方面、互联接入方面、收费方面都做出了调整。

2006年，根据欧盟委员会2007年新的监管改革建议赋予监管机构在需要的情况下，针对SMP（具有显著市场力量）运营商实施功能拆分的权力，欧盟委员会这一建议是在吸收了英国监管机构OFCOM对BT成功实施功能拆分基础上而形成的。当这项行动在2005年9月启动时，仅有10.5万非绑定的接入线路，而到目前，这一数字已经增长到300万。意大利、瑞士、波兰也正在考虑引入这一监管方法。

二、上述国家电信监管体制的共同特征

美、德、日、英四国监管机构比较见表2–1。

表2–1　美、德、日、英四国监管机构比较

国别	监管目标	监管依据	职责范围	组织形式
美国	促进和保护竞争，使网络用户和企业受益	电信法	电信	独立监管机构
德国	保证公平竞争；维持技术合作，防止歧视；监测经济和技术进步，促进市场增长和发展；保证普遍服务	电信法	通信、电视、石油、天然气等	机关型机构
日本	促进行业发展，维护网络用户利益	电信事业法	电信监管等多项不同职能	机关型机构
英国	保护网络用户利益的，鼓励新技术，促进竞争和投资	通信法	广电、无线电、电信	独立监管机构

从上述各国和世界大多数国家的实践来看，电信监管体制的共同特征是：

第一，各国电信管理机构都把网络用户利益放在重要位置，以维护和促进网络用户福利为共同监管宗旨。第二，各国有健全的立法，通过一套明确的法律制度来保证监管宗旨的实现；在电信法律中都详细规定监管宗旨与目标，并且注意法律与社会生活的衔接。第三，独立的电信管理机构成为一种趋势，这些监管机构既独立于电信企业，也与政府相对独立，其工作经费的来源独立且有法律保障，监管措施得到了充分的法律授权。第四，各国电信管理机构都对市场有着清晰的认识，通过一系列合理、合法、有效的监管措施干预市场主体的行为，既维护了网络用户的利益，也促进了本国电信业的健康发展。第五，对电信管理机构的权力行使有比较完善的监督机制。通过有效的立法监督、司法监督、监管机构内部的层级监督以及社会监督，对监管权的行使进行制约。

（一）对我国电信监管体制的启示

从各国电信监管体制的共同特征中，我国电信监管可以获得如下启示：

在对本国电信市场环境的清晰界定的基础上，电信监管体制应当具备明确的宗旨，其核心价值理念应当体现维护网络用户利益，兼顾其他各方关切。电信监管体制具有权威性的前提在于依法设立，制定完备的电信基本法律是必不可少的条件，国家应当通过及时修正法律，保持法律的时效性，使之与社会生活的发展相吻合。法治精神是电信业监管的关键，全面贯彻这一精神，不仅体现在完善的电信立法、依法授权，也体现在电信管理机构和电信监管权力的有效制约。

电信管理机构是一个专业性、技术性很强监管机构，需要有一批来自相关领域的专业人士组成；其行使权力不仅要符合法律确定的基本理念，也应当与本国政治经济制度、科学技术水平以及市场结构特点相适应，还要以一定的监管理论为指导。电信机关机构不能受其所监管的企业左右，相反，应当通过积极的措施对电信市场进行监督管理，为运营商的有效竞争创造条件，解决运营服务和竞争中出现的争端，跟踪电信业动态，为国家制定相关法律和政策提出建议。需要注意的是，电信管理机构的职能有扩大的趋势，即增加准司法权，这不仅为了信息通信技术的发展和“三网”的融合，而且为了有效履行职能的需要——强化处理用户与运营企业之间矛盾的能力。此外，国外发达国家和地区的电信管制机构虽各具差异，但是总体趋势是向完全独立的方向发展。

对比国内外电信监管体制后不难发现，建立以网络用户为中心的监管体制，成立相对独立的、有权威性的电信管理机构已经成为世界电信监管的一种潮流；我国也应顺应这种潮流，建立符合电信网络的发展规律和国情特点的电信监管体制。

我国电信监管体制改革经过了从政企合一，到初步建立现代意义的监管体制的两个阶段，现在面临的问题是，如何更好地实现电信管理机构公共管理和公共服务，探索新时期电信监管的新途径。

在我国，电信业不仅具有与其他行业相区别的经济属性，而且又被赋予了特定的政治属性，这些特性的根本价值在于为网络用户福利的实现而服务，否则电信业就失去了存在的意义。同时，它也是国有企业占主导，并关系国家主权与安全的重要行业。这就决定了电信业只能是一个存在竞争而不是完全竞争的行业，一个必须在政府监管下有序竞争的行业。在我国加入世界贸易组织、电信服务贸易参与国际经济秩序的过程中，必须坚持经济发展与网络安全并重，企业利益与消费者权益的有机统一，这不仅体现了国家安全的要求，也符合广大人民群众的根本利益，这就需要以网络用户为中心，构建符合用户利益的监管体制。

附录三：电信监管的三项基本原则

开放网络，鼓励竞争

目前，全球绝大多数国家都要求主导运营商向竞争对手开放自己的网络，即使是下一代网络（NGN）。2006年9月，德国电信管理机构宣布，德国电信必须在不附带任何歧视性条件的情况下允许竞争对手接入其新的VDSL超高速宽带网络。2006年7月，日本政府表示可能要求日本电话电报公司（NTT）将其正在开发的新一代网络向其他公司开放，以鼓励市场竞争。这个新的互联网通信网络将采用新的IP技术构建，定于2010年初投入使用。无独有偶，Ofcom也于2006年11月暗示将对英国电信的21CN网络实施监管，这意味着21CN网络可能与英国电信现有的宽带基础设施一样，向其他运营商开放。不过，Ofcom承认，对21CN的监管必须适度，以免英国电信在推出下一代网络时面临过高的风险与成本。总之，坚持网络开放将是未来几年全球电信监管较为通行的一种做法，而促进市场竞争则是电信监管不变的主题。

我国也必须适应世界潮流，才能提高中国电信业在国际上的竞争力。当前电信业自然垄断的属性已经微乎其微，电信管理机构应当采取多种措施鼓励各大运营企业之间相互开放网络，出租非绑定网络元素，对于擅自中断互联互通予以重罚。由于我国主要电信企业均为国有企业或国有控股企业，商业性格不成熟，凭借自身优势地位，利用电信法制尚不健全的时机，严重扰乱了市场竞争秩序，对于这些行为，电信监管部门应当严格按照法律规定，充分利用职责，予以坚决打击，维护电信市场的和谐秩序。

独立监管，公平公正

在国外学者的论述中，电信管理机构至少应当保持两方面的独立性：一是独立于电信业务经营者，二是独立于政府。但是这一理论需要与中国现状适当结合才能发挥作用。

虽然大多数国家都认为电信具有一定的公共性，但是政府已经不直接进行经营了，通过改革，享有独立法人资格的企业成为电信业务的提供者。我国电信管理机构也努力推行政府职能转变、政企分开，并从所有权、经营权等多方面对企业的独立地位进行了保障。尽管如此，如前文所述，电信管理机构与基础电信业务经营者之间仍然存在着千丝万缕的联系，而这种联系并不能通过简单的方法予以切割。国家必须出台措施，在电信管理机构和基础电信业务经营者之间建立一道"防火墙"，防止基础电信业务经营者通过各种手段干扰政府政策的制订与执行。主要包括：限制电信管理机构人员与基础电信业务经营者人员非公务情况的交往，限制双方人员互相流动，禁止各种形式的行贿受贿等。

我国的改革开放进程几乎全部来自于政府自上而下的推动；坚持党的领导，是四项基本原则之一。因此，在党的领导下，把人民意志上升为国家意志，并由政府实施是一条行之有效的道路。电信监管改革不能脱离于现实国情，电信管理机构存在的形式也不能照搬其他国家的模式，必须结合我国电信业实际情况。电信管理机构一定要坚持党的领导，坚持正确的政治方向。

在处理与其他部门的关系，尤其与反垄断机构的关系方面，应当从依法办事的原则出发，合理划分职责权限，减少不必要的特殊监管措施，只有在反垄断法和竞争法不能解决问题的情况下，才适用行业特殊监管；推动一般性授权代替以个案申请为主的许可证管理制度，允许符合法律规定条件的经营者自由进入市场，只要求主导运营企业担负特殊的义务。

从这个意义上讲，我国应当在完善现有电信监管体系的基础上，集中力量实现电信管理机构与企业之间的彻底分开，与其他政府部门的相对独立。

鼓励创新，促进进步

众所周知，电信业是一个技术密集型行业，各国科技竞争的重要领域。但是，我国电信业务经营者科技创新意识仍然十分单薄，大量核心技术仍掌握在外国公司手中。这不仅对电信业发展不利，而且也间接地威胁了国家信息安全。对此，电信管理机构必须采取措施积极应对，加大宏观指导力度，为技术业务创新创造良好的外部环境。这主要是指：

首先，以科学的态度未雨绸缪，超前研究整个业务比较的趋势。电信管理机构应通过制定科学的产业政策、技术政策和业务政策，加强对网络引进，产业发展和正确的领导，管理和规范，从市场准入、资源配置、标准制定等方面给予支持。其次，组织协调好相关的新业务实验，加快电信业核心技术、战略技术的自主开发，为科学发展和运用创造良好的外部环境。最后，电信管理机构加大组织协调力度，形成行业发展的合力，除了技术政策本身的因素以外，还需要相关政府部门、运营企业、设备制造企业、高等院校、研究机构乃至资本市场等社会各方面的沟通、协调与配合，拉动电信业、通信服务业、通信制造业、软件业的发展，促进整个通信业务的发展。

参 考 文 献

[1] 杜振华，国际电信服务贸易，北京：北京邮电大学出版社，2006：90–112.

[2] 梁雄健，杨瑞桢、张静，电信组织管理，北京：人民邮电出版社，2004：257.

[3] 汪玉凯，公共政策，北京：人事出版社，2006：106–129.

[4] 信息产业部，电信法律知识读本，北京：北京邮电大学出版社，2002：13–44.

[5] 信息产业部电信管理局，电信监管丛书，北京：北京邮电大学出版社，2002 .

[6] 王骚、王达梅主编，公共案例分析，天津：南开大学出版社，2006：101–144.

[7] 黄海波，电信管制——从监管到鼓励竞争，北京：经济科学出版社，2002：38–42.

[8] 唐守廉，电信管制，北京：北京邮电大学出版社，2002：71–107.

[9] 曾剑秋，电信产业发展概论，北京：北京邮电大学出版社，2001：115–365.

[10]吴洪，国外电信管理，北京：北京邮电大学出版社，2001：200–210.

[11]王俊豪，政府监管经济学导论，北京：商务印书馆，2001：110–112.

[12]江泽民，江泽民文选，北京，人民出版社，2006：90–94.

[13]吴基传，世界电信业分析与思考，北京：新华出版社，2002：5–27.

[14]丹尼尔·F·史普博，余晖、何帆、钱家骏等译，上海：三联书店，1999：45.

[15]信息产业部，2007年全国通信业发展统计公报，北京，2007.

[16]国彦兵，新制度经济学，上海：立信会计出版社，2006：347–367.

[17]董建新，现代经济学与公共管理，北京：社会科学文献出版社，2006：185–278.

[18]肖志兴、宋晶，政府监管理论与政策，大连：东北财经出版社，2006：6–10.

[19]马英娟，政府监管机构研究，北京：北京大学出版社，2006：115.

[20]斯蒂格利茨，潘振民译，产业组织和政府管制，上海：三联书店，1996：148–231.

[21]欧阳武，美国的电信管制及其发展，北京：中国友谊出版公司，2000：24–35.

[22]李寿祺，利益集团与美国政治，北京：中国社会科学出版社，1988：52.

[23]罗豪才，软法与公共治理，北京：北京大学出版社，2006：24–50.

[24]肖兴志，自然垄断与规制经济学，大连：东北财经大学出版社，2003：1–10.

[25]周光斌、蔡翔，电信政策与管制，北京：北京邮电大学出版社，2001：43.

[26]科斯，社会成本问题，财产权利制度变迁——产权学派与新制度经济学派译文集，上海：三联书店出版社，1994：20–23.

[27]林涛，德国电信业监管与启示，当代通信，2006（12），24.

[28]乌家培，管制是政府的一项重要职能，北京：电信软科学研究，2006（7），27–30.

[29]马聪卉、曾剑秋，中国电信业监管体制改革要借鉴全球经验，人民邮电报，2003年9月15日.

[30]吕廷杰、钱琼，竞争环境下普遍服务政策的经济研究，通信世界，2002（30）12–14.

[31]王英奎，对我国电信普遍服务机制的思考，电信软科学研究，2005，1–2.

[32]余晖，受管制市场里的政企同盟——以中国电信产业为例，中国工业经济，2000（1）：63–67.

[33]屈伟平，关于我国立法中的几个问题——写在我国《电信法》出台之前，中国信息导报，2004（6），29–30.

[34]胡永龙，问题与对策——对电信监管若干问题的认识，人

民邮电报，2003年5月26日.

[35]何霞，我国电信监管改革历程与发展方向，电信技术，2006（11）27–29.

[36]薛良燕，有效推进电信普遍服务，人民邮电报，2004年11月8日.

[37]尚清涛，韩国的电信管制与电信市场，世界电信，2002（5），31–33.

[38]张德霖，竞争与反不正当竞争——反不争夺竞争理论实践与国外法律规范，北京：人民日报出版社，2005：302–333 .

[39]江玉石，我国电信产业的规制改革问题分析，[硕士学位论文]，辽宁，辽宁师范大学，2005.

[40]白永忠，电信业热点法律问题透析，北京：法律出版社，2003，35.

[41]沈敏荣，法律的不确定性—反垄断法规则分析，北京：法律出版社，2001：103–111.

[42]“中国—欧盟信息社会合作项目”电信监管与立法考察团，推动融合发展、加强电信监管——欧盟电信监管与立法情况考察报告，北京：人民邮电报，2008年3月20日.

[43]王晓晔，经济全球化下反垄断法的新发展，北京：社会科学文献出版社，2005：36 .

[44]刘新海，刘胜强，我国电信管制机构改革研究，经济社会体制比较，2004（6）：44–48.

[45]欧阳武，关于我国电信普遍服务几个问题的思考，信息产业部电信经济专家委员会论文集，北京：北京邮电大学出版社，2006：172 .

[46]宋灵恩，世界主要电信管制改革模式比较研究，中州学刊，2007（5），70–72.

[47]王雅莉、毕乐强，公共规制经济学，北京：清华大学出版社，2005：3–10.

[48]刘伟，西方政府改革运动实践模式演变的回溯分析———基于新公共管理运动演进视角的考察，理论与现代化，2008（1），15–21.

[49] Eva Kocher, Private Standards between Soft Law and Hard Law: The German Case, in the International Law Journal of Comparative Labor Law and Industrial Relations, 2002(18), 265.

[50]Tony Prosser, Law and Regulatory, Oxford University Press, Inc., 1997, 9 .

[51]Laffont, J.J., Marcus, S., Rey, P., Tirole, J. Internet Peering, American Economic Review, Papers and Proceedings, 2001(91):287–291.

[52]John. C. Panzar, Technological Determinants of Firm and industry structure, Edited by R. Schmalensce and R. D. Willig handbook of industrial，32.

致　谢

回顾十年多来的写作过程，从搜集资料、构思、开题、写作、修改及定稿，需要感谢的人实在很多。

父母在生活上给予了我无私的关爱和帮助，我用一生都无法回报他们万一。

爱妻潘凡凡，一直支持我，即使在我事业的低潮，她也无怨无悔。她做出了很多牺牲。

犬子元昌，希望他能开心、健康地生活每一天。

好友王彦刚为本书的出版忙碌了许多，感谢的话已经不足以表达我的谢意。

感谢姚顺编辑为本书出版所付出的努力。

非常感谢天津市通信管理局局长王强、副局长兼安全分中心主任段玉奎，宁夏自治区通信管理局副局长兼分中心主任殷兆方，感谢他们多年来对我的培养和帮助。

感谢多年以来，支持、帮助过我的每一个人！